数字化人才职场赋能系列丛书

Flink 与 Kylin

深度实践

开课吧◎组编

王 超 李 沙◎编著

机械工业出版社
CHINA MACHINE PRESS

本书从实用角度出发，首先介绍了 Flink 的功能模块、运行模式、部署安装等内容，然后着重介绍了 Flink 中的实时处理技术和批量处理技术，接着讲解了 Flink 的 Table 与 SQL、CEP 机制、调优与监控、实时数据同步解析，最后通过 Flink 结合 Kylin 实现了实时数据统计的功能。本书内容全面，由浅入深，包含大量的代码示例，并提供下载服务，每章配有重要知识点串讲视频和小结，以指导读者轻松入门。

本书适合有一定编程及大数据开发经验，有数据实时处理工作需求或者想要从事相关工作的读者阅读。

图书在版编目（CIP）数据

Flink 与 Kylin 深度实践/王超，李沙编著 .—北京：机械工业出版社，2020. 8

（数字化人才职场赋能系列丛书）

ISBN 978-7-111-66017-0

Ⅰ. ①F… Ⅱ. ①王… ②李… Ⅲ. ①数据处理软件 ②互联网络-网络服务器 Ⅳ. ①TP274 ②TP368.5

中国版本图书馆 CIP 数据核字（2020）第 120280 号

机械工业出版社（北京市百万庄大街 22 号 邮政编码 100037）

策划编辑：孙 业 责任编辑：孙 业 赵小花
责任校对：张艳霞 责任印制：张 博
三河市国英印务有限公司印刷

2020 年 8 月第 1 版·第 1 次印刷
184mm×260mm·16 印张·390 千字
标准书号：ISBN 978-7-111-66017-0
定价：69. 90 元

电话服务	网络服务
客服电话：010-88361066	机 工 官 网：www. cmpbook. com
010-88379833	机 工 官 博：weibo. com/cmp1952
010-68326294	金 书 网：www. golden-book. com
封底无防伪标均为盗版	机工教育服务网：www. cmpedu. com

致数字化人才的一封信

如今，在全球范围内，数字化经济的爆发式增长带来了数字化人才需求量的急速上升。当前沿技术改变了商业逻辑时，企业与个人要想在新时代中保持竞争力，进行数字化转型不再是选择题，而是一道生存题。当然，数字化转型需要的不仅仅是技术人才，还需要能将设计思维、业务场景和 ICT 专业能力相结合的复合型人才，以及在垂直领域深度应用最新数字化技术的跨界人才。只有让全体人员在数字化技能上与时俱进，企业的数字化转型才能后继有力。

2020 年对所有人来说注定是不平凡的一年，突如其来的新冠肺炎疫情席卷全球，对行业发展带来了极大冲击，在各方面异常艰难的形势下，AI、5G、大数据、物联网等前沿数字技术却为各行各业带来了颠覆性的变革。而企业的数字化变革不仅仅是对新技术的广泛应用，对企业未来的人才建设也提出了全新的挑战和要求，人才将成为组织数字化转型的决定性要素。与此同时，我们也可喜地看到，每一个身处时代变革中的人，都在加快步伐投入这场数字化转型升级的大潮，主动寻求更便捷的学习方式，努力更新知识结构，积极实现自我价值。

以开课吧为例，疫情期间学员的月均增长幅度达到 300%，累计付费学员已超过 400万。急速的学员增长一方面得益于国家对数字化人才发展的重视与政策扶持，另一方面源于疫情为在线教育发展按下的"加速键"。开课吧一直专注于前沿技术领域的人才培训，坚持课程内容"从产业中来到产业中去"，完全贴近行业实际发展，力求带动与反哺行业的原则与决心，也让自身抓住了这个时代机遇。

我们始终认为，教育是一种有温度的传递与唤醒，让每个人都能获得更好的职业成长的初心从未改变。这些年来，开课吧一直以最大限度地发挥教育资源的使用效率与规模效益为原则，在前沿技术培训领域持续深耕，并针对企业数字化转型中的不同需求细化了人才培养方案，即数字化领军人物培养解决方案、数字化专业人才培养解决方案、数字化应用人才培养方案。开课吧致力于在这个过程中积极为企业赋能，培养更多的数字化人才，并帮助更多人实现持续的职业提升、专业进阶。

希望阅读这封信的你，充分利用在线教育的优势，坚持对前沿知识的不断探索，紧跟数字化步伐，将终身学习贯穿于生活中的每一天。在人生的赛道上，我们有时会走弯路、会跌倒、会疲惫，但是只要还在路上，人生的代码就由我们自己来编写，只要在奔跑，就会一直矗立于浪尖！

希望追梦的你，能够在数字化时代的澎湃节奏中"乘风破浪"，我们每个平凡人的努力学习与奋斗，也将凝聚成国家发展的磅礴力量！

慧科集团创始人、董事长兼开课吧 CEO　方业昌随着信息时代的到来，数字化经济革命的浪潮正在颠覆性地改变着人类的工作方式和生活方式。在数字化经济时代，从抓数字化管理人才、知识管理人才和复合型管理人才教育入手，加快培养知识经济人才队伍，可为企业发展和提高企业核心竞争能力提供强有力的人才保障。目前，数字化经济在全球经济增长中扮演着越来越重要的角色，以互联网、云计算、大数据、物联网、人工智能为代表的数字技术近几年发展迅猛，数字技术与传统产业的深度融合释放出巨大能量，成为引领经济发展的强劲动力。

大数据技术从 2008 年开始在国内逐渐兴起，到现在已经十几年了，在这段时间里，IT也在飞速发展，而大数据的出现和使用无疑给 IT 的迅猛发展提供了一臂之力。从最初Hadoop 的出现，到 Hive 在离线数仓功能开发中的广泛使用，再到以 Storm 为代表的实时处理浪潮，最后是 Spark 隆重登场，又掀起了内存处理时代的一场新革命。人们纷纷惊讶于Spark 一站式的解决方案，它不仅将流式处理问题完美地解决了，而且在批量处理上做得非常完美，注重批量数据的内存计算。Spark 技术剑走偏锋，将批量数据处理作为切入点，快速抢占了数据处理市场，成为国内大多数公司数据处理一站式框架的首选产品。

随着时间的推移，越来越多的公司在实时处理层面要求更高，希望数据从产生到完全被处理之间的时间延迟尽量减小，且能够应对实时处理带来的各种复杂问题，如数据延迟、数据的状态保存、复杂事件的检测机制等。Flink 在这种背景下应运而生。本书从实战出发，结合 Flink 的多种特性，如实时处理、批量处理、复杂事件检测等，使用大量案例深入浅出地讲解了 Flink 的各种功能，让读者能够快速上手 Flink 开发。

学习 Flink 对于很多没有一定分布式经验的人来说会比较困难和枯燥，因为很难理解Flink 中的状态编程、状态保存、CEP 等各种优秀机制。虽然 Flink 经过了多年的发展，但是国内开发人员由于缺乏学习资料而难以掌握。因此笔者从实战出发，结合自己在工作当中的一些使用心得，编写了这本关于 Flink 的书籍，以帮助志同道合的学习者。

作为一个数据分析引擎，Kylin 强大的多维分析功能使众多公司纷纷选择用它来构建内部分析平台，读者通过最后一章的学习可以快速掌握 Kylin 的环境搭建以及 Cube 构建，并轻松上手 Kylin 程序开发，解决 Kylin 使用过程中的各种问题。

本书适合有一定编程经验以及大数据开发经验的人员阅读，对于一些有数据实时处理工作需求或者想要从事相关工作的读者大有裨益。本书每章都配有专属二维码，读者扫描后即可观看作者对于本章重要知识点的讲解视频。扫描下方的开课吧公众号二维码将获得与本书主题对应的课程观看资格及学习资料，同时可以参与其他活动，获得更多的学习课程。此外，本书配有源代码资源文件，读者可登录 https://github.com/kaikeba 免费下载使用。

限于时间和作者水平，书中难免有不足之处，恳请读者批评指正。

编　者

目录

扫一扫观看串讲视频

第1章

Flink 及其运行模式简介

类似于很多其他的分布式计算框架（如 Spark 等），Flink 也有各种运行模式，如本地模式、Standalone 模式和 on yarn 模式等，这些模式都有各自的使用场景，例如：本地模式可以很方便地用于在本地调试运行 Flink 的代码程序；Standalone 模式能以一个完整的分布式任务提交、运行 Flink 任务；on yarn 模式则可以将 Flink 任务提交到 yarn 集群上，再通过 yarn 来进行统一的资源分配和管理。本章将详细介绍 Flink 的基本概念，以及 Flink 的各种运行模式。

1.1　Flink 介绍

　　Flink 起源于一个名为 Stratosphere 的研究项目，其目的是建立下一代大数据分析平台，于 2014 年 4 月 16 日成为 Apache 孵化器项目。

　　Apache Flink 是一个面向数据流式处理和批量数据处理的可分布式开源计算框架，它基于同一个 Flink 流式执行模型（Streaming Execution Model），能够支持流式处理和批量处理两种应用类型。由于流式处理和批量处理所提供的 SLA（服务等级协议）完全不同（流式处理一般需要支持低延迟、exactly-once，而批量处理需要支持高吞吐、高效处理），所以在实现的时候通常给出两套方案，或者通过一个独立的开源框架来实现每一种处理方案。比较典型的有实现批量处理的开源方案 MapReduce、Spark 和实现流式处理的开源方案 Storm，Spark 的 Streaming 本质上也是微批量处理。

　　Flink 在实现流式处理和批量处理时，与传统方案完全不同，它从另一个视角看待流式处理和批量处理，将二者统一起来：Flink 完全支持流式处理，也就是说被看作流式处理时输入数据流是无界的；而批量处理被作为一种特殊的流式处理，只是它的输入数据流被定义为有界。

1.2　Flink 的特性

　　Flink 作为新一代的大数据计算框架，其各种新特性让人眼前一亮，并且对于实时处理 Flink 框架有自己独特的实现方式。接下来了解一下 Flink 的各种新特性。

　　1）有状态计算的 exactly-once 语义。状态是指 Flink 能够维护数据在时序上的聚类和聚合，同时它的检查点（checkpoint）机制可以方便、快速地做出失败重试。

　　2）支持带有事件时间（event time）语义的流式处理和窗口（window）处理。事件时间的语义使流计算的结果更加精确，尤其是在事件无序或者延迟的情况下。

　　3）支持高度灵活的窗口可以方便、快速地做出失败重试操作。包括基于 time、count、session，以及 data-driven 的窗口操作，能很好地对现实环境中创建的数据进行建模。

　　4）轻量的容错处理（fault tolerance）。它使得系统既能保持高吞吐率又能保证 exactly-once 的一致性，通过轻量的 state snapshots 实现。

　　5）支持高吞吐、低延迟、高性能的流式处理。

　　6）支持保存点（savepoint）机制（一般为手动触发）。即可以将应用的运行状态保存下来，在升级应用或者处理历史数据时能够做到无状态丢失和停机时间最小。

　　7）支持大规模的集群模式。支持 YARN、Mesos，可运行在成千上万的节点上。

　　8）支持具有背压（backpressure）功能的持续流模型。

　　9）支持迭代计算。

　　10）JVM 内部实现了自己的内存管理。它支持程序自动优化，例如能避免特定情况下的 Shuffle、排序等昂贵操作，能对中间结果进行缓存。

1.3 功能模块

Flink 中包含很多功能模块，如部署层、核心层、API 层、库层，如图 1-1 所示。

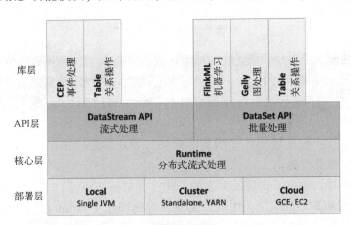

●图 1-1 Flink 功能模块

每层的主要功能如下。

- 部署层：主要涉及 Flink 的部署模式。Flink 支持多种部署模式，如本地、集群（Standalone/YARN）、云服务器（GCE/EC2）。
- 核心层：提供了支持 Flink 计算的全部核心实现，如支持分布式流式处理、JobGraph 到 ExecutionGraph 的映射、调度等，为上层 API 提供基础服务。
- API 层：主要实现了面向无界 Stream 的流式处理和面向 Batch 的批量处理 API，其中，面向流式处理对应 DataStream API，面向批量处理对应 DataSet API。
- 库层：该层也可以称为"应用框架层"，它是根据 API 层的划分，在 API 层之上构建的满足特定应用的计算实现框架，也分别对应于面向流式处理和面向批量处理两类。面向流式处理支持复杂事件处理（Complex Event Processing，CEP）、基于 SQL-like 的操作（基于 Table 的关系操作）；面向批量处理支持 FlinkML（机器学习库）、Gelly（图处理）。

1.4 编程模型

Flink 的编程模型主要包含了以下几大功能模块，例如状态编程、流式处理和批量处理、Table API 以及更高级的 SQL 抽象语法等，如图 1-2 所示。

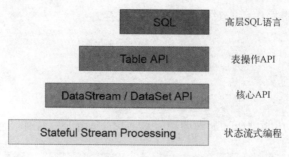

●图 1-2   Flink 编程模型

1）有状态的流式处理层：最底层的抽象仅仅提供有状态的数据流，它通过处理函数嵌入数据流 API（DataStream API）中。用户可以通过它自由处理单流或者多流，并保持一致性和容错性。同时，用户可以进行注册事件时间和处理时间的回调，以实现复杂的计算逻辑。

2）核心 API 层：提供数据处理的基础模块，如 transformation、join、aggregation、window、state 以及数据类型等。

3）Table API 层：确定了围绕关系表的 DSL（领域描述语言）。Table API 遵循关系模型标准：对关系型数据库中的表，API 也提供了相应的操作，如 select、project、join、group-by、aggregate 等。Table API 声明式地定义了逻辑上的操作（logical operation），Flink 会在执行前对 Table API 逻辑进行优化。同时，Flink 代码允许混合使用 Table API 和 DataStram/DataSet API。

4）SQL 层：类似 Table API 的语法，定义于 Table API 层次之上，但它提供的是纯 SQL 查询表达式。

1.5   重新编译

实际生产环境中一般使用基于 CDH 的大数据软件组件，因此 Flink 也会选择这些组件，但是由于 CDH 版本的软件并没有对应 Flink 的安装包，所以需要对开源的 Flink 进行重新编译，然后再用于适配对应 CDH 版本的 Hadoop。

1. 准备工作

安装 Maven 3 或以上版本；安装 JDK 1.8；所需系统为 Linux。

2. 下载 Flink 源码包并进行编译

开启 Linux 服务器，执行以下命令来下载 Flink 的源码包，并使用 Maven 进行编译。

```
cd /kkb/soft
wget http://archive.apache.org/dist/flink/flink-1.8.1/flink-1.8.1-src.tgz
tar -zxf flink-1.8.1-src.tgz -C /kkb/install/
cd /kkb/install/flink-1.8.1/
```

```
mvn -T2C clean install -DskipTests -Dfast -Pinclude-hadoop -Pvendor-repos -
Dhadoop.version=2.6.0-cdh5.14.2
```

编译成功后的文件夹位于：

```
/kkb/install/flink-1.8.1/flink-dist/target
```

1.6　任务提交模型

在 Flink 任务提交中，主要包含以下三种角色。

- Client：提交 Flink 作业的机器称为 Client。用户编写的程序代码会构建出数据流图，然后通过 Client 提交给 JobManager。
- JobManager：主节点（master），相当于 YARN 里面的 ResourceManager，生成环境中一般可以用作实现高可用性（HA）。JobManager 会将任务进行拆分，然后调度到 TaskManager 上面执行。
- TaskManager：从节点（slave），它才是真正实现任务（Task）的部分。

Client 提交作业到 JobManager，就需要跟 JobManager 进行通信，这里的通信使用 Akka 框架或者库。另外，Client 与 JobManager 进行数据交互使用的是 Netty 框架。Akka 通信基于 Actor System，Client 可以向 JobManager 发送指令，如提交、取消和更新 Job。JobManager 也可以反馈信息给 Client，如状态更新和统计。

Client 提交给 JobManager 的是一个 Job，然后 JobManager 将 Job 拆分成 Task 提交给 TaskManager（worker）。JobManager 与 TaskManager 也是基于 Akka 进行通信，JobManager 发送指令，如暂停、取消 Task 和触发 checkpoint，TaskManager 向 JobManager 返回 TaskStatus、Heartbeat（心跳）、Statistics 等。另外，TaskManager 之间的数据通过网络进行传输，比如 DataStream 做一些算子的操作时，数据往往需要在 TaskManager 之间做数据传输。

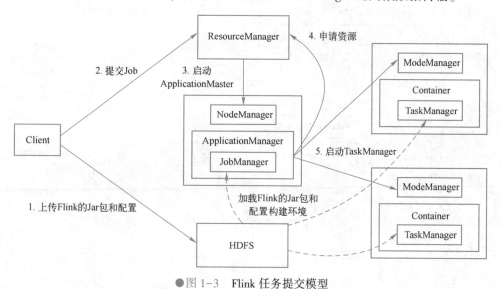

●图 1-3　Flink 任务提交模型

当 Flink 系统启动时，首先启动 JobManager 和一个或多个 TaskManager。JobManager 负责协调 Flink 系统，TaskManager 则是执行并行程序的 worker。当系统以本地形式启动时，一个 JobManager 和一个 TaskManager 会在同一个 JVM 中启动。当一个程序被提交后，系统会创建一个 Client 来进行预处理，将程序转变成并行数据流的形式，交给 JobManager 和 TaskManager 执行。

1.7   部署运行模式

类似于 Spark，Flink 也有各种运行模式，其中主要支持三种：local 模式、standalone 模式以及 Flink on YARN 模式。每种模式都有特定的使用场景，接下来一起了解一下各种运行模式。

1. local 模式

适用于测试调试。Flink 可以运行在 Linux、macOS 和 Windows 系统上。local 模式的安装唯一需要的是 Java 1.7.x 或更高版本，运行时会启动 JVM，主要用于调试代码，一台服务器即可运行。

2. standalone 模式

适用于 Flink 自主管理资源。

Flink 自带集群模式 standalone，主要是将资源调度管理交给 Flink 集群自己来处理。standalone 是一种集群模式，可以有一个或者多个主节点（JobManager，HA 模式，用于资源管理调度、任务管理、任务划分等工作），多个从节点（TaskManager，主要用于执行 Job-Manager 分解出来的任务）。

3. Flink on YARN 模式

适用于使用 YARN 来统一调度和管理资源，其任务提交过程如图 1-4 所示。

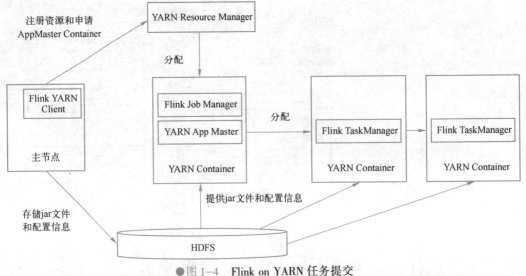

●图 1-4   Flink on YARN 任务提交

Flink on YARN 工作流程如下。

1）提交 Job 给 YARN 就需要有一个 Flink YARN Client。

2）Client 将 Flink 的 jar 包和配置文件上传到 HDFS。

3）Client 向 ResourceManager 注册资源和请求 APP Master Container（容器）。

4）ResourceManager 给某一个从节点分配一个 Container 来启动 APP Master，JobManager 会在 APPMaster 中启动。

5）APPMaster 为 Flink 的 TaskManager 分配 Container 并启动 TaskManager，TaskManager 内部会划分为很多 Slot，它们会自动从 HDFS 下载 jar 文件和修改后的配置，然后运行相应的 Task。TaskManager 也会与 APPMaster 中的 JobManager 进行交互，维持 Heartbeat 等。

一般在学习研究环节或资源不充足的情况下，采用 local 模式部署即可，生产环境中 Flink on YARN 模式比较常见。

1.8 本章小结

本章主要介绍了 Flink 的各个功能模块以及 Flink 任务的几种运行方式，让读者对 Flink 所支持的功能有一个大致的了解，并快速深入 Flink 的运行模式之中，概览 Flink 的全局架构。

扫一扫观看串讲视频

第 2 章

Flink 的部署安装及入门案例

部署安装准备工作：关闭防火墙，关闭 Selinux，安装 JDK，更改主机名，更改主机名与 IP 地址的映射关系，开启 SSH 免密码登录等。本章采用三台 Linux 系统机器来实践 Flink 的各种部署安装模式。三台机器的主机名分别为 node01、node02、node03。

2.1 local 模式部署安装

local 模式下的 Flink 部署安装只需要使用单台机器，仅用本地线程来模拟其程序运行，不需要启动任何进程，适用于软件测试等情况。这种模式下，机器不用更改任何配置，只要安装 JDK 8 的运行环境即可。

1. 上传安装包并解压

将编译之后的安装包上传到 node01 服务器的 "/kkb/soft" 路径下，然后进行解压。

```
cd /kkb/soft/
tar -zxf flink-1.8.1.tar.gz  -C /kkb/install/
```

2. 直接使用脚本启动

解压安装包之后直接启动即可。执行以下命令。

```
cd /kkb/install/flink-1.8.1
bin/start-cluster.sh
```

启动成功之后，执行 jps 命令能查看最新启动的两个进程。

```
18180 StandaloneSessionClusterEntrypoint
18614 TaskManagerRunner
```

3. Web 界面访问

成功启动两个进程之后，访问 8081 端口即可访问 Flink 的 Web 管理界面。

```
http://node01:8081/#/overview
```

4. 运行 Flink 自带的测试用例

在 node01 上使用 Linux 的 nc 命令向 Socket 发送一些单词。

```
sudo yum -y install nc
nc -lk 9000
```

在 node01 上启动 Flink 自带的单词统计程序，接收输入的 Socket 数据并进行统计。

```
cd /kkb/install/flink-1.8.1
bin/flink run examples/streaming/SocketWindowWordCount.jar  --hostname lo-
calhost  --port 9000
```

5. 查看统计结果

Flink 自带的测试用例统计结果在 log 文件夹下面。

在 node01 上执行以下命令查看统计结果。

```
cd /kkb/install/flink-1.8.1/log
tail -200f flink-hadoop-taskexecutor-0-node01.kaikeba.com.out
```

关闭 local 模式。

```
cd /kkb/install/flink-1.8.1
bin/stop-cluster.sh
```

2.2　standalone 模式部署安装

使用 standalone 模式需要启动 Flink 的主节点 JobManager 以及从节点 TaskManager，具体的任务进程划分见表 2-1。

表 2-1　Flink 任务进程划分

服务以及 IP	192. 168. 52. 100	192. 168. 52. 110	192. 168. 52. 120
JobManager	是	否	否
TaskManager	是	是	是

1. 更改配置文件

停止 node01 服务器 local 模式下的两个进程后，修改其配置文件。
在 node01 服务器上执行以下命令更改 Flink 配置文件。

```
cd /kkb/install/flink-1.8.1/conf/
vim flink-conf.yaml
```

指定 Jobmanager 所在的服务器为 node01。

```
jobmanager.rpc.address: node01
```

在 node01 上执行以下命令更改 slaves 配置文件。

```
cd /kkb/install/flink-1.8.1/conf
vim slaves

node01
node02
node03
```

2. 分发安装包

将 node01 服务器的 Flink 安装包分发到其他机器上面去。执行以下命令。

```
cd /kkb/install
scp -r flink-1.8.1/node02:$PWD
scp -r flink-1.8.1/node03:$PWD
```

3. 启动 Flink 集群

在 node01 上执行以下命令启动 Flink 集群。

```
cd /kkb/install/flink-1.8.1
bin/start-cluster.sh
```

4. 访问页面

访问以下页面。

```
http://node01:8081/#/overview
```

5. 运行 Flink 自带的测试用例

在 node01 上执行以下命令启动 Socket 服务，输入单词。

```
nc -lk 9000
```

启动 Flink 自带的单词统计程序，接收输入的 Socket 数据并进行统计。

```
cd /kkb/install/flink-1.8.1
bin/flink run examples/streaming/SocketWindowWordCount.jar   --hostname
node01  --port 9000
```

执行以下命令查看统计结果。

```
cd /kkb/install/flink-1.8.1/log
tail -200f flink-hadoop-taskexecutor-0-node01.kaikeba.com.out
```

2.3 standalone 模式的 HA 环境

上一节实现了 Flink 的 standalone 模式部署安装，并且能够正常提交任务到集群上。其中的主节点是 JobManager，但 JobManager 是单节点，必然会有单节点故障问题产生，所以也可以在 standalone 模式下借助 ZK 将 JobManager 实现为高可用模式。

首先停止 Flink 的 standalone 模式，并启动 ZK 和 Hadoop 集群服务。

1. 修改配置文件

在 node01 上执行以下命令修改 Flink 的配置文件。

1）修改 flink-conf.yaml 配置文件。

```
cd /kkb/install/flink-1.8.1/conf
vimflink-conf.yaml

jobmanager.rpc.address: node01
high-availability: zookeeper
high-availability.storageDir: hdfs://node01:8020/flink
high-availability.zookeeper.path.root: /flink
high-availability.zookeeper.quorum: node01:2181,node02:2181,node03:218
```

2）修改 masters 配置文件。

```
cd /kkb/install/flink-1.8.1/conf
vim masters

node01:8081
node02:8081
```

3）修改 slaves 配置文件。

```
cd /kkb/install/flink-1.8.1/conf
vim slaves

node01
node02
node03
```

2. 在 HDFS 上创建 flink 文件夹

在 node01 上执行以下命令。

```
hdfs dfs -mkdir -p /flink
```

3. 复制配置文件

将 node01 服务器修改后的配置文件复制到其他服务器上，命令如下。

```
cd /kkb/install/flink-1.8.1/conf
scp flink-conf.yaml  masters  slaves  node02:$PWD
scp flink-conf.yaml  masters  slaves  node03:$PWD
```

4. 启动 Flink 集群

在 node01 上执行以下命令。

```
cd /kkb/install/flink-1.8.1
bin/start-cluster.sh
```

5. 访问页面

访问 node01 服务器的 Web 页面，直接在浏览器中访问 http://node01:8081/#/overview；node02 服务器的 Web 页面为 http://node02:8081/#/overview，node03 类似。

> **注意：**
>
> 访问 node02 的 Web 页面时会自动跳转到 node01 的 Web 页面上，因为此时 node01 服务器才是真正活跃（active）的节点。

6. 模拟宕机情况实现自动切换

将 node01 服务器的 JobManager 进程关闭，过一段时间之后查看 node02 的 JobManager 是否能够访问。注意：JobManager 发生切换时，TaskManager 也会跟着重启。

2.4 standalone 模式在 HA 环境下提交任务

在 HA 环境下提交任务与 standalone 单节点模式下是一样的，即使 JobManager 所在服务器宕机也没有关系，JobManager 会自动切换。

在 node01 上执行以下命令启动 Socket 服务，输入单词。

```
nc -lk 9000
```

启动 Flink 自带的单词统计程序，接收输入的 Socket 数据并进行统计。

```
cd /kkb/install/flink-1.8.1
bin/flink run examples/streaming/SocketWindowWordCount.jar --hostname node01 --port 9000
```

执行以下命令查看统计结果。

```
cd /kkb/install/flink-1.8.1/log
tail -200f flink-hadoop-taskexecutor-0-node01.kaikeba.com.out
```

2.5 Flink on YARN 模式

Flink 任务也可以运行在 YARN 上面，将 Flink 任务提交到 YARN 平台可以实现统一的任务资源调度管理，方便开发人员管理集群中的 CPU 和内存等资源。如图 2-1 所示，Flink on YARN 也有两种模式：单个 YARN Session 模式和多个 YARN Session 模式。

环境要求：Hadoop 至少为 2.2 版；HDFS 及 YARN 服务启动正常。

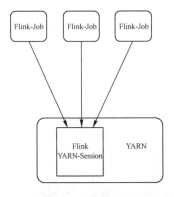
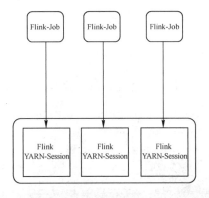

第一种
在YARN中初始化一个Flink集群，开辟
指定的资源，以后提交任务都向这里提交，
这个Flink集群会常驻在YARN集群中，除非
手工停止

第二种(推荐)
每次提交都会创建一个新的Flink集群，任务
之间互相独立，互不影响，方便管理。任务执
行完成之后创建的集群也会消失

●图 2-1　Flink on YARN 模式

2.5.1　单个 YARN Session 模式

这种模式需要先启动集群，然后再提交作业，接着会向 YARN 申请资源空间，之后资源保持不变。如果资源不足，下一个作业就无法提交，只能等到 YARN 中的一个作业执行完成后释放资源，所以实际工作中一般不会使用这种模式。

这种模式不需要做任何配置，可以直接将任务提交到 YARN 集群，这之前需要提前启动 HDFS 以及 YARN 集群。

1. 修改 yarn-site. xml 配置文件

在 node01 上执行以下命令开始修改 yarn-site. xml。

```
cd /kkb/install/hadoop-2.6.0-cdh5.14.2/etc/hadoop
vim yarn-site.xml
```

添加以下配置属性到 yarn-site. xml 文件中。

```
<property>
  <name>yarn.resourcemanager.am.max-attempts</name>
  <value>4</value>
  <description>
  The maximum number of application master execution attempts.
  </description>
</property>
```

然后在 node01 上将修改后的配置文件复制到 node02 与 node03 服务器，命令如下。

```
cd /kkb/install/hadoop-2.6.0-cdh5.14.2/etc/hadoop
scp yarn-site.xml   node02:$PWD
scp yarn-site.xml   node03:$PWD
```

之后重新启动 YARN 集群。

2. 修改 Flink 配置文件

在 node01 上执行以下命令修改 Flink 配置文件。

```
cd /kkb/install/flink-1.8.1/conf
vim flink-conf.yaml

high-availability: zookeeper
high-availability.storageDir: hdfs://node01:8020/flink_yarn_ha
high-availability.zookeeper.path.root: /flink-yarn
high-availability.zookeeper.quorum: node01:2181,node02:2181,node03:2181
yarn.application-attempts: 10
```

3. 在 HDFS 上创建文件夹

命令如下。

```
hdfs dfs -mkdir -p /flink_yarn_ha
```

4. 在 YARN 中启动 Flink 集群

直接在 node01 上执行以下命令，在 YARN 中启动一个全新的 Flink 集群。

```
cd /kkb/install/flink-1.8.1/
bin/yarn-session.sh -n 2 -jm 1024 -tm 1024 [-d]
```

可以直接使用 yarn-session.sh 这个脚本来启动。也可以使用 "--help" 查看更多参数设置。

```
bin/yarn-session.sh --help

Usage:
  Required
    -n,--container <arg>    Number of YARN container to allocate (=Number of
Task Managers)
  Optional
    -D <property=value>              use value for given property
    -d,--detached               If present, runs the job in detached mode
    -h,--help                   Help for the Yarn session CLI.
    -id,--applicationId <arg>       Attach to running YARN session
    -j,--jar <arg>                  Path to Flink jar file
    -jm,--jobManagerMemory <arg>    Memory for JobManager Container with op-
tional unit (default: MB)
```

```
    -m,--jobmanager <arg>              Address of the JobManager (master) to which
to connect. Use this flag to connect to a different JobManager than the one speci-
fied in the configuration.
    -n,--container <arg>               Number of YARN container to allocate (=Num-
ber of Task Managers)
    -nl,--nodeLabel <arg>             Specify YARN node label for the YARN applica-
tion
    -nm,--name <arg>                  Set a custom name for the application on YARN
    -q,--query                        Display available YARN resources (memory,
cores)
    -qu,--queue <arg>                 Specify YARN queue.
    -s,--slots <arg>                  Number of slots per TaskManager
    -sae,--shutdownOnAttachedExit     If the job is submitted in attached mode,
perform a best-effort cluster shutdown when the CLI is terminated abruptly,
e.g., in response to a user interrupt, such
                                      as typing Ctrl + C.
    -st,--streaming                   Start Flink in streaming mode
    -t,--ship <arg>                   Ship files in the specified directory (t for
transfer)
    -tm,--taskManagerMemory <arg>     Memory per TaskManager Container with op-
tional unit (default: MB)
    -yd,--yarndetached                If present, runs the job in detached mode
(deprecated; use non-YARN specific option instead)
    -z,--zookeeperNamespace <arg>     Namespace to create the Zookeeper sub-
paths for high availability mode
```

注意：

如果启动时 YARN 的内存太小，则可能报出以下错误。

```
Diagnostics: Container [] is running beyond virtual memory limits. Current
usage: 250.5 MB of 1 GB physical memory used; 2.2 GB of 2.1 GB virtual memory
used. Killing containerpid=6386,containerID=container_1521277661809_0006_01
_000001
```

此时需要修改 yarn-site. xml 添加以下配置，然后重启 YARN。

```
<property>
    <name>yarn.nodemanager.vmem-check-enabled</name>
    <value>false</value>
</property>
```

这个参数的功能主要是让 YARN 集群跳过集群资源检查，避免由于虚拟机内存不够而导致任务提交失败。

5. 查看 YARN 管理界面

访问 YARN 的 8088 管理界面 http://node01:8088/cluster，发现其中有一个应用，这是为 Flink 单独启动的一个 Session。

6. 提交任务

使用 Flink 自带的 jar 包实现单词统计功能。
在 node01 上准备单词文件。

```
cd /kkb
vim wordcount.txt
```

文件内容如下。

```
hello world
flink hadoop
hive spark
```

在 HDFS 上创建文件夹并上传文件。

```
hdfs dfs -mkdir -p /flink_input
hdfs dfs -put wordcount.txt   /flink_input
```

在 node01 上执行以下命令，提交任务到 Flink 集群。

```
cd /kkb/install/flink-1.8.1
bin/flink run ./examples/batch/WordCount.jar -input hdfs://node01:8020/flink
_input -output hdfs://node01:8020/flink_output/wordcount-result.txt
```

7. 验证 YARN Session 的高可用性

通过 node01 的 8088 界面，查看 YARN Session 在哪一台机器上启动，然后关闭 YARN Session 进程，这时 YARN Session 会在另外一台机器上重新启动。
找到 YarnSessionClusterEntrypoint 所在的服务器，然后关闭该进程。

```
[hadoop@node02 ~]$ jps
10065 QuorumPeerMain
10547 YarnSessionClusterEntrypoint
10134 DataNode
10234 NodeManager
10652 Jps
[hadoop@node02 ~]$ kill -9 10547
```

关闭进程之后，会发现 YARN 集群重新启动了一个 YarnSessionClusterEntrypoint 进程在其他机器上。如图 2-2 所示，YARN 上又启动了一个新的任务。

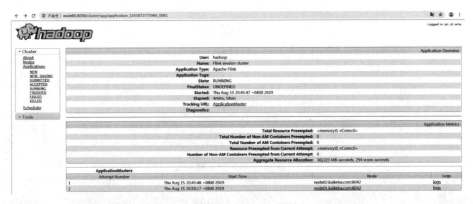

●图 2-2　Flink on YARN 的高可用性

2.5.2　多个 YARN Session 模式

这种模式的优点是一个任务对应一个 Job，即每提交一个 Job 都会根据自身情况向 YARN 申请资源，直到 Job 执行完成，并不会影响下一个 Job 的正常运行，除非 YARN 上没有任何资源。

> **注意：**

Client 端必须设置 YARN_CONF_DIR、HADOOP_CONF_DIR 或者 HADOOP_HOME 环境变量，通过这个环境变量来读取 YARN 和 HDFS 的配置信息，否则启动会失败。

这种模式下不需要在 YARN 中启动任何集群，直接提交任务即可。

1. 直接执行命令提交任务

编写提交任务的脚本并执行。

```
cd /kkb/install/flink-1.8.1/
bin/flink run -m yarn-cluster -yn 2 -yjm 1024 -ytm 1024 ./examples/batch/Word-
Count.jar -input hdfs://node01:8020/flink_input -output hdfs://node01:8020/
out_result/out_count.txt
```

2. 查看输出结果

在 HDFS 中执行以下命令查看输出结果。

```
hdfs dfs -text hdfs://node01:8020/out_result/out_count.txt
```

3. 查看"flink run"的帮助文档

使用"--help"查看帮助文档中的参数。

```
cd /kkb/install/flink-1.8.1/
bin/flink run --help
```

结果如下。

```
Action "run" compiles and runs a program.

 Syntax: run [OPTIONS] <jar-file> <arguments>
 "run" action options:
   -c,--class <classname>              Class with the program entry point
                                       ("main" method or "getPlan()" method.
                                       Only needed if the JAR file does not
                                       specify the class in its manifest.
   -C,--classpath <url>                Adds a URL to each user code
                                       classloader  on all nodes in the
                                       cluster. The paths must specify a
                                       protocol (e.g. file://) and be
                                       accessible on all nodes (e.g. by means
                                       of a NFS share). You can use this
                                       option multiple times for specifying
                                       more than one URL. The protocol must
                                       be supported by the {@link
                                       java.net.URLClassLoader}.
   -d,--detached                       If present, runs the job in detached
                                       mode
   -n,--allowNonRestoredState          Allow to skip savepoint state that
                                       cannot be restored. You need to allow
                                       this if you removed an operator from
                                       your program that was part of the
                                       program when the savepoint was
                                       triggered.
   -p,--parallelism <parallelism>      The parallelism with which to run the
                                       program. Optional flag to override the
                                       default value specified in the
                                       configuration.
   -q,--sysoutLogging                  If present, suppress logging output to
                                       standard out.
   -s,--fromSavepoint <savepointPath>  Path to a savepoint to restore the job
                                       from (for example
                                       hdfs:///flink/savepoint-1537).
   -sae,--shutdownOnAttachedExit       If the job is submitted in attached
                                       mode, perform a best-effort cluster
                                       shutdown when the CLI is terminated
                                       abruptly, e.g., in response to a user
                                       interrupt, such as typing Ctrl + C.
```

```
Options for yarn-cluster mode:
  -d,--detached                            If present, runs the job in detached
                                           mode
  -m,--jobmanager <arg>                    Address of the JobManager (master) to
                                           which to connect. Use this flag to
                                           connect to a different JobManager than
                                           the one specified in the
                                           configuration.
  -sae,--shutdownOnAttachedExit            If the job is submitted in attached
                                           mode, perform a best-effort cluster
                                           shutdown when the CLI is terminated
                                           abruptly, e.g., in response to a user
                                           interrupt, such as typing Ctrl + C.
  -yD <property=value>                     use value for given property
  -yd,--yarndetached                       If present, runs the job in detached
                                           mode (deprecated; use non-YARN
                                           specific option instead)
  -yh,--yarnhelp                           Help for the Yarn session CLI.
  -yid,--yarnapplicationId <arg>           Attach to running YARN session
  -yj,--yarnjar <arg>                      Path to Flink jar file
  -yjm,--yarnjobManagerMemory <arg>        Memory for JobManager Container with
                                           optional unit (default: MB)
  -yn,--yarncontainer <arg>                Number of YARN container to allocate
                                           (=Number of Task Managers)
  -ynl,--yarnnodeLabel <arg>               Specify YARN node label for the YARN
                                           application
  -ynm,--yarnname <arg>                    Set a custom name for the application
                                           on YARN
  -yq,--yarnquery                          Display available YARN resources
                                           (memory, cores)
  -yqu,--yarnqueue <arg>                   Specify YARN queue.
  -ys,--yarnslots <arg>                    Number of slots per TaskManager
  -yst,--yarnstreaming                     Start Flink in streaming mode
  -yt,--yarnship <arg>                     Ship files in the specified directory
                                           (t for transfer)
  -ytm,--yarntaskManagerMemory <arg>       Memory per TaskManager Container with
                                           optional unit (default: MB)
  -yz,--yarnzookeeperNamespace <arg>       Namespace to create the Zookeeper
                                           sub-paths for high availability mode
  -z,--zookeeperNamespace <arg>            Namespace to create the Zookeeper
                                           sub-paths for high availability mode
```

```
    Options for default mode:
        -m,--jobmanager <arg>              Address of the JobManager (master) to which
                                           to connect. Use this flag to connect to a
                                           different JobManager than the one specified
                                           in the configuration.

        -z,--zookeeperNamespace <arg>      Namespace to create the Zookeeper sub
    -paths
                                           for high availability mode
```

2.5.3 "flink run"脚本分析

提交 Flink 任务时，可以加入以下这些参数。

1）默认查找当前 YARN 集群中已有 YARN Session 信息中的 JobManager（所在路径:/tmp/. yarn-properties-root）。

```
bin/flink run ./examples/batch/WordCount.jar -input hdfs://hostname:port/
hello.txt -output hdfs://hostname:port/result1
```

2）连接指定主机和端口的 JobManager。

```
bin/flink run -mnode01:8081 ./examples/batch/WordCount.jar -input hdfs://
hostname:port/hello.txt -output hdfs://hostname:port/result1
```

3）启动一个新的 YARN-Session。

```
bin/flink run -m yarn-cluster -yn 2 ./examples/batch/WordCount.jar -input
hdfs://hostname:port/hello.txt -output hdfs://hostname:port/result1
```

注意:

YARN Session 命令行的选项也可以使用 "./bin/flink" 获得。它们都有一个 "y" 或者 "yarn" 的前缀，例如：bin/flink run -m yarn-cluster -yn 2 ./examples/batch/WordCount. jar。

2.6 入门案例

如前所述，Flink 的任务可以运行在各种模式下，每种模式都有不同的应用场景，那么接下来开始学习 Flink 编程，主要包括批量数据处理和实时数据处理。图 2-3 所示为对 Flink 编程进行的分类。

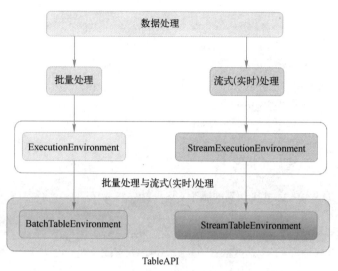

●图 2-3　Flink 编程分类

2.6.1　实时处理程序实现

编写 Flink 代码统计 Socket 中接收到的每个单词出现的次数。这里使用 IntelliJ IDEA 开发工具,在其中创建 Maven 的 Java 工程,然后在工程的 pom. xml 中添加 jar 包的坐标依赖。

(1) 创建 Maven 工程,导入 jar 包

```xml
<dependencies>
    <! - - https:// mvnrepository.com/ artifact/ org.apache.flink/ flink -
streaming-scala -->
    <dependency>
        <groupId>org.apache.flink</groupId>
        <artifactId>flink-streaming-scala_2.11</artifactId>
        <version>1.8.1</version>
    </dependency>


    <dependency>
        <groupId>org.apache.flink</groupId>
        <artifactId>flink-scala_2.11</artifactId>
        <version>1.8.1</version>
    </dependency>


</dependencies>
<build>
    <plugins>
        <!-- 限制 jdk 版本插件 -->
        <plugin>
```

```xml
            <groupId>org.apache.maven.plugins</groupId>
            <artifactId>maven-compiler-plugin</artifactId>
            <version>3.0</version>
            <configuration>
                <source>1.8</source>
                <target>1.8</target>
                <encoding>UTF-8</encoding>
            </configuration>
        </plugin>
        <!-- 编译 scala 需要用到的插件 -->
        <plugin>
            <groupId>net.alchim31.maven</groupId>
            <artifactId>scala-maven-plugin</artifactId>
            <version>3.2.2</version>
            <executions>
                <execution>
                    <goals>
                        <goal>compile</goal>
                        <goal>testCompile</goal>
                    </goals>
                </execution>
            </executions>
        </plugin>
        <!-- 项目打包用到的插件 -->
        <plugin>
            <artifactId>maven-assembly-plugin</artifactId>
            <configuration>
                <descriptorRefs>
                    <descriptorRef>jar-with-dependencies</descriptorRef>
                </descriptorRefs>
                <archive>
                    <manifest>
                        <mainClass></mainClass>
                    </manifest>
                </archive>
            </configuration>
            <executions>
                <execution>
                    <id>make-assembly</id>
                    <phase>package</phase>
                    <goals>
                        <goal>single</goal>
```

```
                </goals>
            </execution>
        </executions>
    </plugin>
 </plugins>
</build>
```

（2）编写 Flink 代码统计 Socket 中的单词数量

接收 Socket 单词数据，然后对数据进行统计。代码如下。

```scala
import org.apache.flink.streaming.api.scala.{DataStream, StreamExecutionEnvironment}

case class CountWord(word:String,count:Long)

object FlinkCount {

  def main(args: Array[String]): Unit = {
    //获取程序入口类
    val environment: StreamExecutionEnvironment = StreamExecutionEnvironment.getExecutionEnvironment
    //从 Socket 中获取数据
    val result: DataStream[String] = environment.socketTextStream("node01",9000)
    //导入隐式转换的包,否则时间不能使用
    import org.apache.flink.api.scala._
    //将数据进行切割,封装到样例类当中,然后进行统计
    val resultValue: DataStream[CountWord] = result
      .flatMap(x => x.split(" "))
      .map(x => CountWord(x,1))
      .keyBy("word")
      // .timeWindow(Time.seconds(1),Time.milliseconds(1))  按照每秒钟时间窗口,
以及每秒钟滑动间隔来进行数据统计
      .sum("count")
    //打印最终结果
    resultValue.print().setParallelism(1)
    //启动服务
    environment.execute()
  }
}
```

（3）打包上传到服务器

将程序打包后上传到 node01 服务器，然后在各种模式下运行程序。

（4）standalone 模式下运行程序

在 node01 上执行以下命令启动 Flink 集群。

```
cd /kkb/install/flink-1.8.1
bin/start-cluster.sh
```

启动 node01 的 Socket 服务。

```
nc -lk 9000
```

将打包好的 jar 包上传到 node01 服务器的/kkb 路径下，才能提交任务。注意，打包前需要在 pom.xml 中添加打包插件，且集群已有代码需要将"scope"设置为"provided"。在 pom.xml 中将关于 Flink 的 jar 包"scope"设置为"provided"，如图 2-4 所示。

```
<dependencies>
    <!-- https://mvnrepository.com/artifact/org.apache.flink/flink-streami
    <dependency>
        <groupId>org.apache.flink</groupId>
        <artifactId>flink-streaming-scala_2.11</artifactId>
        <version>1.7.2</version>
        <scope>provided</scope>
    </dependency>

    <dependency>
        <groupId>org.apache.flink</groupId>
        <artifactId>flink-scala_2.11</artifactId>
        <version>1.7.2</version>
        <scope>provided</scope>
    </dependency>

</dependencies>
```

●图 2-4　打包级别调整

jar-with-dependencies 的 jar 包上传到/kkb 路径后，需要的 jar 包如图 2-5 所示。

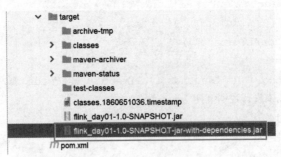

●图 2-5　打包之后的 jar 包

在 node01 上执行以下命令提交任务。

```
cd /kkb/install/flink-1.8.1/
bin/flink run --class com.kkb.flink.demo1.FlinkCount /kkb/flink_day01-1.0-
SNAPSHOT-jar-with-dependencies.jar
```

查看运行结果。

```
cd /kkb/install/flink-1.8.1/log
tail -200f flink-hadoop-taskexecutor-1-node01.kaikeba.com.out
```

运行结果中有很多文件，选择查看有内容的文件即可，如图2-6所示。

●图2-6　查看输出日志

注意：

结果保存在以".out"结尾的文件中，哪个文件中有数据就查看哪个文件。

2.6.2　离线批量处理程序实现

本节完成count.txt文件的处理，实现单词计数。

```scala
import org.apache.flink.api.scala.{AggregateDataSet, DataSet, ExecutionEnviron-
onment}
import org.apache.flink.core.fs.FileSystem.WriteMode
object BatchOperate {
  //实现 Flink 批量处理代码,读取 count.txt 文件,实现单词计数
  def main(args: Array[String]): Unit = {

    //流式处理入口类是 StreamExecutionEnvironment
    //批量处理入口类是 ExecutionEnvironment
    val environment: ExecutionEnvironment = ExecutionEnvironment. getExecu-
tionEnvironment
    //需要导入隐式转换的类
    import org.apache.flink.api.scala._
    //读取文件
    val fileDataSet: DataSet[String] = environment.readTextFile("D:\\课程资料 \\
Flink 实时数仓 \\datas \\count.txt","utf-8")
    //统计单词出现次数
    val resultDataSet: AggregateDataSet[(String, Int)] = fileDataSet.flatMap(x
=>x.split(" ")).map(x =>(x,1)).groupBy(0).sum(1)
    //将结果写入文件
    resultDataSet.writeAsText("D:\\课程资料 \\Flink 实时数仓 \\datas \\countout_
result.txt",WriteMode.OVERWRITE)
```

```
    //调用 execute()启动程序
    environment.execute()
  }


  }
```

2.7　shell 命令行代码调试

Flink 支持通过 shell 命令行的方式来运行代码，类似于 Spark 的 shell 命令行代码调试，以便开发人员对代码执行结果进行跟踪调试，查验代码问题所在。

Flink shell 方式支持流式处理和批量处理，启动 shell 命令行之后，两个不同的 ExecutionEnvironments 会被自动创建，然后通过 senv 变量和 benv 变量分别处理流式处理和批量处理程序（类似于 spark-shell 中的 sc 变量）。

2.7.1　批量处理代码调试

接下来先尝试一下批量处理代码调试功能，使用 benv 变量来实现代码的使用与开发。

（1）进入 Flink 的 scala-shell

在 node01 上执行以下命令进入 scala-shell。

```
cd /kkb/install/flink-1.8.1/
bin/start-scala-shell.sh local
```

也可以启动 Flink 的集群，然后进入 Flink 的 shell 客户端，将任务提交到 Flink 集群上。

```
cd /kkb/install/flink-1.8.1/
bin/start-scala-shell.sh remote node01 8081
```

（2）使用 benv 变量执行批量处理

在 scala-shell 下，使用批量处理来调试代码。

```
val line =benv.fromElements("hello world","spark flink")
line.flatMap(x => x.split(" ")).map(x =>(x,1)).groupBy(0).sum(1).print
```

2.7.2　实时处理代码调试

通过 senv 变量实现代码调试。

1）在 node01 上启动 Socket 服务端。

```
[hadoop@node01 ~] $ nc -lk 9000
```

2）进入 scala-shell 客户端。

```
cd /kkb/install/flink-1.8.1/
bin/start-scala-shell.sh local
```

3）使用 senv 变量来统计单词出现的次数。

```
senv.socketTextStream("node01",9000).flatMap(x => x.split(" ")).map(x =>(x,1))
.keyBy(0).sum(1).print
senv.execute
```

4）node01 服务器发送单词。在节点执行 "nc-lk 9000" 命令后，在控制台输入单词即可。

2.8 本章小结

本章带领读者快速体验了 Flink 在不同模式下的运行方式，包括 local 模式、standalone 模式以及 Flink on YARN 模式。在实际工作中，一般都会选用 Flink on YARN 模式，且在这种模式下常使用多 Session 的方式来提交和运行任务。

第 3 章

Flink 实时处理之 DataStream

前面已经介绍了 Flink 的各种运行模式，接下来就开始深入到 Flink 中的各个功能模块加以实践，学习 Flink 的具体使用方法。Flink 的主要特点之一就是其强大的实时处理功能，本章将重点讲解这一功能。

3.1　DataStream 的数据源

如果想要深入实践 Flink 实时处理，首先要学会使用 Flink 的数据源。接下来先看看 Flink 支持的各种数据源。

3.1.1　Socket 数据源

从 Socket 中接收数据，并统计最近 5 秒内每个单词出现的次数。步骤如下。

首先在 node01 上执行以下命令开启 Socket 服务。

```
nc -lk 9000
```

然后运行以下代码。

```scala
import org.apache.flink.streaming.api.scala.{DataStream, StreamExecutionEnvironment}
import org.apache.flink.streaming.api.windowing.time.Time

object FlinkSource1 {
  def main(args: Array[String]): Unit = {
    //获取程序入口类
    val streamExecution: StreamExecutionEnvironment = StreamExecutionEnvironment.getExecutionEnvironment
    val socketText: DataStream[String] = streamExecution.socketTextStream("node01",9000)
    //注意:必须添加这一行隐式转行,否则下面的 flatmap 方法会报错
    import org.apache.flink.api.scala._
    val result: DataStream[(String, Int)] = socketText.flatMap(x => x.split(" "))
      .map(x => (x, 1))
      .keyBy(0)
      .timeWindow(Time.seconds(5), Time.seconds(5)) //统计最近 5 秒内的数据
      .sum(1)

    //打印运行结果
    result.print().setParallelism(1)
    //执行程序
    streamExecution.execute()
  }
}
```

3.1.2　文件数据源

除了从 Socket 中获取数据外，Flink 也支持读取 HDFS 路径下的所有文件数据。首先添加 Maven 依赖坐标。

```
<repositories>
    <repository>
        <id>cloudera</id>
        <url>https://repository.cloudera.com/artifactory/cloudera repos/
</url>
    </repository>
</repositories>

    <dependency>
    <groupId>org.apache.hadoop</groupId>
    <artifactId>hadoop-client</artifactId>
    <version>2.6.0-mr1-cdh5.14.2</version>
</dependency>
<dependency>
    <groupId>org.apache.hadoop</groupId>
    <artifactId>hadoop-common</artifactId>
    <version>2.6.0-cdh5.14.2</version>
</dependency>
<dependency>
    <groupId>org.apache.hadoop</groupId>
    <artifactId>hadoop-hdfs</artifactId>
    <version>2.6.0-cdh5.14.2</version>
</dependency>

<dependency>
    <groupId>org.apache.hadoop</groupId>
    <artifactId>hadoop-mapreduce-client-core</artifactId>
    <version>2.6.0-cdh5.14.2</version>
</dependency>
```

然后运行以下代码。

```
import org.apache.flink.streaming.api.scala.{DataStream, StreamExecutionEn-
vironment}

object FlinkSource2 {
  def main(args: Array[String]): Unit = {
```

```scala
    val executionEnvironment: StreamExecutionEnvironment = StreamExecutionEn-
vironment.getExecutionEnvironment
    import org.apache.flink.api.scala._
    //从文本读取数据
    val hdfStream: DataStream[String] = executionEnvironment.readTextFile("
hdfs://node01:8020/flink_input/")
    val result: DataStream[(String, Int)] = hdfStream.flatMap(x => x.split(" "))
.map(x =>(x,1)).keyBy(0).sum(1)

    result.print().setParallelism(1)

    executionEnvironment.execute("hdfsSource")
  }
}
```

3.1.3 从集合中获取数据

在实际工作中，经常会碰到需要一些数据测试的情况，此时可以从集合中获取数据，然后进行处理。实现代码如下。

```scala
import org.apache.flink.streaming.api.scala.{DataStream, StreamExecutionEn-
vironment}

object FlinkSource3 {
  def main(args: Array[String]): Unit = {
    val environment: StreamExecutionEnvironment = StreamExecutionEnviron-
ment.getExecutionEnvironment
    import org.apache.flink.api.scala._
    val value: DataStream[String] = environment.fromElements[String]("hello
world","spark flink")
    val result2: DataStream[(String, Int)] = value.flatMap(x => x.split(" "))
.map(x =>(x,1)).keyBy(0).sum(1)
    result2.print().setParallelism(1)
    environment.execute()
  }
}
```

3.1.4 自定义数据源

如果 Flink 自带的数据源满足不了工作需求，则可以自定义数据源。

Flink 提供了大量已经实现的数据源方法，但开发人员也可以自定义数据源，方法是实现 sourceFunction 接口或者 ParallelSourceFunction 接口，以及继承 RichParallelSourceFunction。

下面的示例代码通过实现 ParallelSourceFunction 接口来自定义有并行度的数据源。

1）使用 Scala 代码实现 ParallelSourceFunction 接口。

```scala
class MyParalleSource  extends ParallelSourceFunction[String] {
  var isRunning:Boolean = true

  override def run(sourceContext: SourceFunction.SourceContext[String]): Unit = {
    while (true){
      sourceContext.collect("hello world")
    }
  }
  override def cancel(): Unit = {
    isRunning = false
  }
}
```

2）使用自定义数据源。

```scala
import org.apache.flink.streaming.api.functions.source.{ParallelSourceFunc-
tion, SourceFunction}
import org.apache.flink.streaming.api.scala.{DataStream, StreamExecutionEn-
vironment}

object FlinkSource5 {
  def main(args: Array[String]): Unit = {
    val environment: StreamExecutionEnvironment = StreamExecutionEnviron-
ment.getExecutionEnvironment
    import org.apache.flink.api.scala._
    val sourceStream: DataStream[String] = environment.addSource(new MyPar-
alleSource)
    val result: DataStream[(String, Int)] = sourceStream.flatMap(x => x.split("
")).map(x => (x, 1))
      .keyBy(0)
      .sum(1)
    result.print().setParallelism(2)
    environment.execute("paralleSource")
  }

}
```

3.2 DataStream 常用算子

关于 DataStream 算子的介绍参见 https://ci.apache.org/projects/flink/flink-docs-master/

dev/stream/operators/index. htmlflink。实时处理有很多的算子（operator），常用的 DataStream 算子主要分为三类。

- transformation：转换算子，都是懒执行的，只有碰到 sink 算子时才会真正加载执行。
- partition：对数据进行重新分区等操作。
- sink：数据下沉。

3. 2. 1　transformation 算子

transformation 算子很多，以下列举一些常用的算子。

- map：输入一个元素，然后返回一个元素，中间可以做清洗转换等操作。
- flatMap：输入一个元素，返回零个、一个或多个元素。
- filter：过滤函数，对传入的数据进行判断，符合条件的数据会被留下。
- keyBy：根据指定的 key 进行分组，具有相同 key 的数据会进入同一个分区。
- reduce：对数据进行聚合操作，结合当前元素和上一次 reduce 返回的值进行聚合操作，然后返回一个新的值。
- aggregation：包括 sum( )、min( )、max( )等。
- window：在后面单独讲解。
- union：合并多个流，新的流会包含所有流中的数据，但是所有合并的流类型必须是一致的。
- connect：和 union 类似，但是只能连接两个流，两个流的数据类型可以不同，它会对两个流中的数据使用不同的处理方法。
- coMap, coFlatMap：在用 connect 连接的流中需要使用这种函数，类似于 map 和 flatmap。
- split：根据规则把一个数据流切分为多个流。
- select：和 split 配合使用，选择切分后的流。

下面是一些上述算子的示例代码。

1）获取两个 DataStream，然后使用 union 将两个 DataStream 进行合并。

```
import org.apache.flink.streaming.api.scala.{DataStream, StreamExecutionEn-
vironment}
/**
  * 实现两个流的 union 功能
  * 主要用于合并两个类型相同的流
  */
object UnionStream {
  def main(args: Array[String]): Unit = {
    //获取程序入口类
    val environment: StreamExecutionEnvironment = StreamExecutionEnviron-
ment.getExecutionEnvironment
    //导入隐式转换的包
```

```scala
    import org.apache.flink.api.scala._
    //第一个流
    val firstStream: DataStream[String] = environment.fromElements("hello,
world","flink,spark")
    //第二个流
    val secondStream: DataStream[String] = environment.fromElements("second,
stream","hadoop,hive")
    //合并两个流
    val resultStream: DataStream[String] = firstStream.union(secondStream)
    //直接打印合并之后的流
    resultStream.print().setParallelism(1)
    environment.execute()
  }
}
```

2）使用 connect 实现不同类型 DataStream 的连接。

```scala
import org.apache.flink.streaming.api.scala.{ConnectedStreams, DataStream,
StreamExecutionEnvironment}

/**
  * 使用 connect 合并不同类型的流
  */
object ConnectStream {

  def main(args: Array[String]): Unit = {
    //获取程序入口类
    val environment: StreamExecutionEnvironment = StreamExecutionEnviron-
ment.getExecutionEnvironment
    //导入隐式转换的包
    import org.apache.flink.api.scala._
    //第一个流是 String 类型
    val firstStream: DataStream[String] = environment.fromElements("hello,
world","spark,flink")

    //第二个流是 Int 类型
    val secondStream: DataStream[Int] = environment.fromElements(1,2)
    //通过 connect 合并两个不同类型的流
    val resultStream: ConnectedStreams[String, Int] = firstStream.connect(sec-
ondStream)

    //connect 两个流之后做以下处理,第一个流每个元素添加一个字符串"abc",第二个流每个元
素乘以 10
```

```scala
    val finalStream: DataStream[Any] = resultStream.map(x => {x +"abc"},y =>{y
* 10})

    finalStream.print().setParallelism(1)
    //执行程序
    environment.execute()
  }
}
```

3) 使用 split 将一个 DataStream 切分为多个 DataStream。

```scala
import java.{lang, util}

import org.apache.flink.streaming.api.collector.selector.OutputSelector
import org.apache.flink.streaming.api.scala.{DataStream, SplitStream, Stre-
amExecutionEnvironment}

/**
  * 使用 split 将流切开
  */
object SplitStream {
  def main(args: Array[String]): Unit = {
    //获取程序入口类
    val environment: StreamExecutionEnvironment = StreamExecutionEnviron-
ment.getExecutionEnvironment
    //导入隐式转换的包
    import org.apache.flink.api.scala._

    //初始的流,将包含"hello"的元素作为一个流,不包含"hello"的作为另外一个流
    val sourceStream: DataStream[String] = environment.fromElements("hello,
world","spark,flink","hadoop,hive")

    val splitedStream: SplitStream[String] = sourceStream.split(new OutputSe-
lector[String] {
      override def select(out: String): lang.Iterable[String] = {
        val strings = new util.ArrayList[String]()
        if (out.contains("hello")) {
          //如果元素中包含"hello",就放入一个叫作"hello"的流中
          strings.add("hello")
        } else {
          //如果元素中不包含"hello",就放入一个叫作"other"的流中
          strings.add("other")
        }
```

```
        strings
      }
    })
    //通过上面定义的名字调用 select 来获取对应的流
    val helloStream: DataStream[String] = splitedStream.select("hello")
    helloStream.print().setParallelism(1)
    environment.execute()
  }
}
```

3.2.2　partition 算子

partition 算子允许开发人员对数据进行重新分区，或者解决数据倾斜等问题，Flink 的三种常见算子如下。

- random partitioning（随机分区）：如 dataStream. shuffle( )。
- rebalancing（再平衡）：对数据集进行再平衡、重分区，消除数据倾斜，如 dataStream. rebalance( )。
- rescaling（再缩放）：通过执行 operation 算子来实现。由于这种方式仅发生在一个单一的节点上，所以没有跨网络的数据传输，如 dataStream. rescale( )。

下面是一些 partition 算子的使用示例。

1）custom partitioning：自定义分区。

自定义分区需要实现 Partitioner 接口，实现 dataStream. partitionCustom（partitioner，"someKey"）或者 dataStream. partitionCustom（partitioner, 0）方法。

2）broadcasting：广播变量，后面详细讲解。

接下来演示如何进行重新分区。

案例一：对 filter 后的数据进行重新分区。

```
import org.apache.flink.streaming.api.scala.{DataStream, StreamExecutionEn-
vironment}

object FlinkPartition {
  def main(args: Array[String]): Unit = {
    val environment: StreamExecutionEnvironment = StreamExecutionEnviron-
ment.getExecutionEnvironment

    import org.apache.flink.api.scala._
    val dataStream: DataStream [String] = environment.fromElements ("hello
world","test spark","abc hello","hello flink")

    val resultStream: DataStream [(String, Int)] = dataStream.filter (x = >
x.contains("hello"))
```

```
//.shuffle    //随机重新分发数据,将上游的数据随机发送到下游的分区中
//.rescale
.rebalance  //对数据重新进行分区,涉及到 shuffle 的过程
.flatMap(x => x.split(" "))
.map(x => (x, 1))
.keyBy(0)
.sum(1)


resultStream.print().setParallelism(1)
environment.execute()
  }
}
```

案例二：自定义分区策略。

如果以上几种分区方式无法满足需求，那么还可以自定义分区策略来实现数据分区。

需求：自定义分区策略，将数据发送到不同分区中进行处理：包含"hello"的字符串发送到一个分区里，其他的发送到另外一个分区里。

自定义分区类如下。

```
//自定义一个类,继承 Partitioner 接口,实现 partition 方法
class MyPartitioner extends Partitioner[String]{
  /**
   *
   * @param line    每一行数据
   * @param num    分区的个数
   * @return
   */
  override def partition(line: String, num: Int): Int = {
    //如果数据包含"hello",则发送到 0 号分区中
    //如果数据不包含"hello",则发送到 1 号分区中
    if (line.contains("hello")){
      0
    }else {
      1
    }
  }
}
```

分区代码实现如下。

```
import org.apache.flink.api.common.functions.Partitioner
import org.apache.flink.streaming.api.scala.{DataStream, StreamExecutionEn-
vironment}
```

```scala
object MyPartition {
  def main(args: Array[String]): Unit = {
    //获取程序入口类
    val environment: StreamExecutionEnvironment = StreamExecutionEnviron-
ment.getExecutionEnvironment
    //导入隐式转换的包
    import org.apache.flink.api.scala._
    //设置程序的并行度为2
    environment.setParallelism(2)
    val sourceStream: DataStream[String] = environment.fromElements("hello,
world","abc,test","flink,spark")
    //分区之后的数据流
    val afterPartition: DataStream[String] = sourceStream.partitionCustom(new
MyPartitioner,x => x )
    val resultMap: DataStream[String] = afterPartition.map(x => {
      //获取打印的线程id
      val threadId: Long = Thread.currentThread().getId

      println(x + "线程的id为" + threadId)
      x
    })
    resultMap.print()
    environment.execute()
  }
}
```

3.2.3　sink 算子

sink 算子的官方介绍见 https://ci.apache.org/projects/flink/flink-docs-master/dev/connectors/，常用的 sink 算子如下。

- writeAsText：将元素以字符串形式逐行写入，这些字符串通过调用每个元素的 toString() 方法来获取。
- print/printToErr：打印每个元素的 toString() 方法的返回值到标准输出或者标准错误输出流中。

通过 sink 算子可以将数据发送到指定的地方，如 Kafka、Redis 和 HBase 等，接下来实现自定义 sink 将数据发送到 Redis 中。

1）导入 Flink 整合 Redis 的 jar 包。

```
<!-- https://mvnrepository.com/artifact/org.apache.flink/flink-connector-
kafka-0.11 -->
```

```xml
<dependency>
    <groupId>org.apache.bahir</groupId>
    <artifactId>flink-connector-redis_2.11</artifactId>
    <version>1.0</version>
</dependency>
```

2）代码实现如下。

```scala
import org.apache.flink.streaming.api.scala.{DataStream, StreamExecutionEn-
vironment}
import org.apache.flink.streaming.connectors.redis.RedisSink
import org.apache.flink.streaming.connectors.redis.common.config
.FlinkJedisPoolConfig
import org.apache.flink.streaming.connectors.redis.common.mapper.{RedisCom-
mand, RedisCommandDescription, RedisMapper}


/**
  * Flink 的 sink 算子,自己添加 sink,将数据写入 Redis 中
  */
object FlinkRedisSink {
  def main(args: Array[String]): Unit = {

    //获取程序入口类
     val environment: StreamExecutionEnvironment = StreamExecutionEnviron-
ment.getExecutionEnvironment
    //导入隐式转换的包
    import org.apache.flink.api.scala._


    //获取一些数据,用于写入 Redis 中
    val sourceStream: DataStream[String] = environment.fromElements("hello,
world","spark,flink","key,value")

    //将数据组织成(key,vlaue)对的形式
    val tupleStream: DataStream[(String, String)] = sourceStream.map(x => {
      val strings: Array[String] = x.split(",")
      (strings(0), strings(1))
    })


    val builder = new FlinkJedisPoolConfig.Builder

    val config: FlinkJedisPoolConfig = builder
      .setHost("node03")
      .setPort(6379)
```

```
        .setMaxIdle(10)
        .setMinIdle(2)
        .setTimeout(8000)
        .build()
    //获取 redisSink
    val redisSink = new RedisSink[Tuple2[String,String]](config,new MyRedis-
Mapper)
    //将 redisSink 添加进来,就可以将数据插入 Redis 中了
    tupleStream.addSink(redisSink)
    environment.execute()
  }
}
class MyRedisMapper extends RedisMapper[Tuple2[String,String]]{
  override def getCommandDescription: RedisCommandDescription = {
    new RedisCommandDescription(RedisCommand.SET)
  }
  /**
    * 获取插入 Redis 中的数据 key
    * @param data
    * @return
    */
  override def getKeyFromData(data: (String, String)): String = {
    data._1
  }
  /**
    * 获取插入 Redis 中的数据的 value
    * @param data
    * @return
    */
  override def getValueFromData(data: (String, String)): String = {
    data._2
  }
}
```

3.3 窗口和时间

3.3.1 窗口的类型

对于流式处理,因为数据一直在源源不断地产生,即数据是没有边界的,所以无法求最大值、最小值、平均值等,为了实现这些数据统计功能,可以对某一段时间的数据进行

统计，或者对某一其他特定范围的数据进行统计。

流数据的聚合需要由窗口（window）来划定范围，比如"过去 5 分钟内的数据""最后 100 个元素"。

窗口是一种可以把无限数据切割为有限数据块的手段，如图 3-1 所示，它可以分为时间窗口（time window，如"每 30 秒"）、计数窗口（count window，如"每 100 个元素"）、会话窗口以及自定义窗口，图 3-1 中的时间窗口和计数窗口可以解决多数实际需求，而会话窗口很少使用。

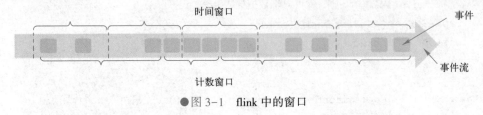

●图 3-1　flink 中的窗口

时间窗口和计数窗口都可以细分为滚动窗口（tumbling window）和滑动窗口（sliding window）。

图 3-2 显示了 Flink 中的滚动窗口，滚动窗口不存在窗口重叠的情况，例如每隔 5 秒往前滚动一次。

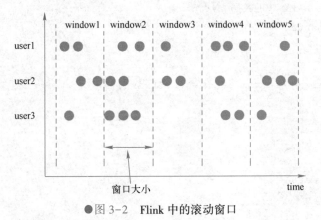

●图 3-2　Flink 中的滚动窗口

图 3-3 表示 Flink 中的滑动窗口，滑动窗口是每间隔一定时间往前滑动一次，例如每间隔 10 秒往前滑动 5 秒，这样就会产生重叠的窗口。

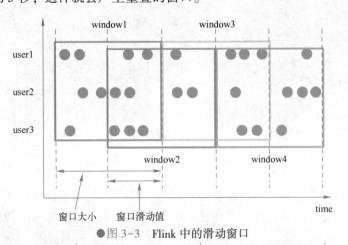

●图 3-3　Flink 中的滑动窗口

3.3.2 窗口的应用

1. 时间窗口的应用

时间窗口中的滚动窗口和滑动窗口都是通过调用 timeWindow( )这个方法来实现，传入一个参数是滚动窗口，传入两个参数就是滑动窗口，如图 3-4 所示。

```scala
// Stream of (sensorId, carCnt)
val vehicleCnts: DataStream[(Int, Int)] = ...

val tumblingCnts: DataStream[(Int, Int)] = vehicleCnts
  // key stream by sensorId
  .keyBy(0)
  // tumbling time window of 1 minute length
  .timeWindow(Time.minutes(1))
  // compute sum over carCnt
  .sum(1)

val slidingCnts: DataStream[(Int, Int)] = vehicleCnts
  .keyBy(0)
  // sliding time window of 1 minute length and 30 secs trigger interval
  .timeWindow(Time.minutes(1), Time.seconds(30))
  .sum(1)
```

●图 3-4　Flink 中的时间窗口实现

2. 计数窗口的应用

计数窗口通过调用 countWindow( )方法来实现，传入一个参数是滚动窗口，传入两个参数就是滑动窗口，如图 3-5 所示。

```scala
// Stream of (sensorId, carCnt)
val vehicleCnts: DataStream[(Int, Int)] = ...

val tumblingCnts: DataStream[(Int, Int)] = vehicleCnts
  // key stream by sensorId
  .keyBy(0)
  // tumbling count window of 100 elements size
  .countWindow(100)
  // compute the carCnt sum
  .sum(1)

val slidingCnts: DataStream[(Int, Int)] = vehicleCnts
  .keyBy(0)
  // sliding count window of 100 elements size and 10 elements trigger interval
  .countWindow(100, 10)
  .sum(1)
```

●图 3-5　Flink 中的计数窗口实现

3. 自定义窗口的应用

如果时间窗口和计数窗口满足不了需求，就可以使用自定义窗口。图 3-6 所示为自定义窗口实现方法。

Keyed Windows

```
stream
       .keyBy(...)                  <-  keyed versus non-keyed windows
       .window(...)                 <-  required: "assigner"
      [.trigger(...)]               <-  optional: "trigger" (else default trigger)
      [.evictor(...)]               <-  optional: "evictor" (else no evictor)
      [.allowedLateness(...)]       <-  optional: "lateness" (else zero)
      [.sideOutputLateData(...)]    <-  optional: "output tag" (else no side output for late data)
       .reduce/aggregate/fold/apply()    <-  required: "function"
      [.getSideOutput(...)]         <-  optional: "output tag"
```

Non-Keyed Windows

```
stream
       .windowAll(...)              <-  required: "assigner"
      [.trigger(...)]               <-  optional: "trigger" (else default trigger)
      [.evictor(...)]               <-  optional: "evictor" (else no evictor)
      [.allowedLateness(...)]       <-  optional: "lateness" (else zero)
      [.sideOutputLateData(...)]    <-  optional: "output tag" (else no side output for late data)
       .reduce/aggregate/fold/apply()    <-  required: "function"
      [.getSideOutput(...)]         <-  optional: "output tag"
```

●图 3-6　Flink 中的自定义窗口实现

3.3.3　窗口数值聚合统计

对于某一个窗口内的数值统计，可以使用增量的聚合统计或者全量的聚合统计。

1. 增量聚合统计

增量聚合统计即窗口中每加入一条数据就进行一次统计，如图 3-7 所示的数值累加过程。增量聚合统计使用的方法主要有：

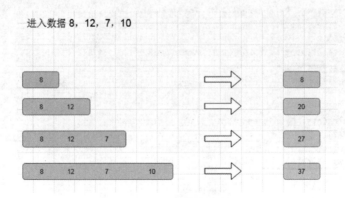

●图 3-7　增量聚合统计

- reduce（reduceFunction）。
- aggregate（aggregateFunction）。
- sum()，min()，max()。

以接收Socket中输入的数据并统计每5秒内数据之和为例，代码实现如下。

```scala
import org.apache.flink.api.common.functions.ReduceFunction
import org.apache.flink.streaming.api.scala.{DataStream, StreamExecutionEnvironment}
import org.apache.flink.streaming.api.windowing.time.Time


/**
  * 求取最近 5 秒内数据之和
  * 读取 Socket 中的数据
  */
object TimeWindowCount {
  def main(args: Array[String]): Unit = {
    //获取程序入口类
    val environment: StreamExecutionEnvironment = StreamExecutionEnvironment.getExecutionEnvironment
    //导入隐式转换的包
    import org.apache.flink.api.scala._
    val sourceStream: DataStream[String] = environment.socketTextStream("node01",9000)
    val resultStream: DataStream[(Int, Int)] = sourceStream.map(x => (1, x.toInt))
      .keyBy(0)
      .timeWindow(Time.seconds(5)) //如果 timeWindow()方法只有一个参数,那么就是滚动窗口,没有重复的数据
      //.timeWindow(Time.seconds(5),Time.seconds(2))//如果 timeWindow()方法有两个参数,那么就是滑动窗口,滑动窗口有重复数据
      .reduce(new ReduceFunction[(Int, Int)] {
      //覆写 reduce()方法,实现数据求和
      //   t 代表的是每次输入的数据
      //   t1 代表的是求和结果
      override def reduce(t: (Int, Int), t1: (Int, Int)): (Int, Int) = {
        val result: Int = t._2 + t1._2

        (t._1, result)

      }
    })
    resultStream.print()
```

```
    environment.execute()
  }
}
```

2. 全量聚合统计

全量聚合统计即等到窗口截止或者窗口内的数据全部到齐再进行统计，可以用于求窗口内数据的最大值、最小值、平均值等。常用的方法如下。

```
apply(windowFunction)
process(processWindowFunction)
```

其中，processWindowFunction 能比 windowFunction 提供更多的上下文信息。

以下代码通过全量聚合统计求取每 3 条数据的平均值。

```scala
import org.apache.flink.api.java.tuple.Tuple
import org.apache.flink.streaming.api.datastream.DataStreamSink
import org.apache.flink.streaming.api.scala.function.ProcessWindowFunction
import org.apache.flink.streaming.api.scala.{DataStream, StreamExecutionEnvironment}
import org.apache.flink.streaming.api.windowing.windows.GlobalWindow
import org.apache.flink.util.Collector


/**
  * 求取每 3 条数据的平均值
  * 获取 Socket 中的数据,每 3 条数据统计一次平均值
  */
object CountWindowAvg {
  def main(args: Array[String]): Unit = {
    //获取程序入口类
    val environment: StreamExecutionEnvironment = StreamExecutionEnvironment.getExecutionEnvironment
    //导入隐式转换的包
    import org.apache.flink.api.scala._

    val sourceStream: DataStream[String] = environment.socketTextStream("node01",9999)


    val avgResult: DataStreamSink[Double] = sourceStream.map(x => (1, x.toInt))
.keyBy(0)
      .countWindow(3) //调用 countWindow()进行数据处理,传入一个参数就是滚动窗口,
//没有重复数据
      //.countWindow(3,2)
```

```
     //调用 countWindow()进行数据处理,传入两个参数就是滚动窗口,窗口长度为3,
//滚动条件为2
     .process(new MyProcessWindow)
     .print()

   environment.execute()
  }
}


/**
  * *
  * * @tparam IN The type of the input value.
  * * @tparam OUT The type of the output value.
  * * @tparam KEY The type of the key.
  * * @tparam W The type of the window.
  * /
class MyProcessWindow extends ProcessWindowFunction [(Int,Int),Double,Tuple,
GlobalWindow]{
  /**
    *
    * @param key   定义聚合的 key
    * @param context   上下文对象,用于对数据进行一些上下文的获取
    * @param elements   传入的数据
    * @param out    通过 collector 将处理之后的结果收集起来
    * /
  override def process (key: Tuple, context: Context, elements: Iterable[(Int,
Int)], out: Collector[Double]): Unit = {

    //用于统计一共有多少条数据
    var totalNum:Int = 0;
    //用于定义所有数据之和
    var totalResult:Int = 0;

    for(element <- elements){
      totalNum += 1
      totalResult += element._2
    }
    out.collect(totalResult/totalNum)
  }
}
```

3.3.4　时间的类型

前面已经介绍过可以通过窗口来对每一段时间或者每几条数据的进行一些数值统计，但是还存在另一个问题，即数据有延迟时该如何处理。例如，一个窗口定义的是每隔 5 分钟统计一次，应该在上午 9:00 至 9:05 这段时间统计一次数据，但是由于网络延迟，数据产生时间是 9:03，这种问题怎么解决？

再例如，原始日志如下：

```
2018-10-10 10:00:01,134 INFO executor.Executor: Finished task in state 0.0
```

该数据进入 Flink 框架时间为 2018-10-10 20:00:00，102。

该数据被窗口处理的时间为 2018-10-10 20:00:01，100。

为了解决这个问题，Flink 首先将实时处理中的时间（time）分为以下三种，如图 3-8 所示。

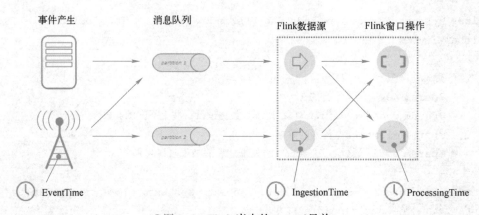

●图 3-8　Flink 当中的 time 三兄弟

（1）EventTime

它在进入 Flink 之前就已经存在，可以从事件的字段中抽取。EventTime 的使用中必须指定 watermark（水位线）的生成方式。

- 优势：具有确定性，对乱序、延时或者数据重放等情况都能给出正确的结果。
- 弱点：处理无序事件时性能和防延迟性会受到影响。

（2）IngestionTime

IngestionTime 即在数据源里获取的当前系统时间，后续操作统一使用该时间。这种方式下不需要指定 watermark 的生成方式（自动生成）。其弱点是不能处理无序事件和延迟数据。

（3）ProcessingTime

ProcessingTime 即执行操作的机器的当前系统时间（每个算子都不一样），它不需要流和机器之间的协调。

- 优势：具有最佳的性能和最低的延迟。

- 弱点：具有不确定性，容易受到各种因素的影响（如事件产生的速度、到达 Flink 的速度、算子之间的传输速度等），对顺序和延迟的关注较少。

（4）三种时间的综合比较

- 性能：ProcessingTime> IngestionTime> EventTime。
- 延迟：ProcessingTime< IngestionTime< EventTime。
- 确定性：EventTime> IngestionTime> ProcessingTime。

（5）如何设置时间类型

创建 StreamExecutionEnvironment 时可以设置时间的类型，时间类型默认为 Processing-Time，如果要设置为 EventTime，那么必须在数据源之后明确指定时间戳分配器（Timestamp Assigner）和水位线生成器（Watermark Generator）。

```
val environment: StreamExecutionEnvironment = StreamExecutionEnvironment.
getExecutionEnvironment
environment.setStreamTimeCharacteristic(TimeCharacteristic.ProcessingTime)
```

3.4 用 watermark 解决乱序与数据延迟问题

3.4.1 watermark 的作用

watermark 是用于处理乱序事件的，通常结合窗口来实现。流处理从事件产生到流经 source（源），再到 operator（操作），中间是有一个过程和一段时间的。虽然大部分情况下，operator 的数据都是按照事件产生的顺序到达的，但是也不排除由于网络延迟、背压等原因，导致乱序的产生（out-of-order，或者称为 late element）。

但是对于延迟的元素，不能无限期地等下去，必须要有机制来保证经过特定的时间后，必须触发窗口去进行计算。这个特别的机制就是 watermark。

3.4.2 watermark 解决数据延时问题

对 watermark 的理解可参考以下几点。

1）可参考 Google 的 DataFlow。

2）是 EventTime 处理进度的标志。

3）表示比 watermark 更早（更老）的事件都已经到达（没有比水位线更低的数据）。

4）基于 watermark 来进行窗口计算触发时机的判断。

在某些情况下，基于 EventTime 的数据流是有序的（相对于 EventTime）。在有序流中，watermark 就是一个简单的周期性标记。如图 3-9 所示，每条数据都是按照先后顺序到达的，并没有出现任何乱序问题。

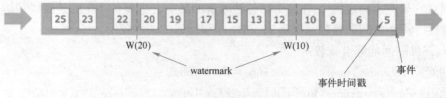

●图 3-9　有序的数据流

在更多场景下，基于 EventTime 的数据流是无序的（相对 EventTime）。在无序流中，watermark 至关重要，它告诉 operator 比 watermark 更早（更老/时间戳更小）的事件已经到达，operator 可以将内部事件时间提前到 watermark 的时间戳（即可以触发窗口计算了），如图 3-10 所示。实际工作中经常会碰到这种乱序的数据流需要开发人员结合 watermark 来处理。

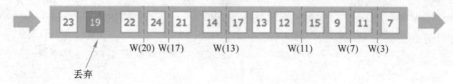

●图 3-10　无序的数据流

并行流中的 watermark 应用如下。

通常情况下，watermark 在 source 函数中生成，但也可以在 source 函数后的任何阶段，如果指定多次 watermark，后面指定的 watermark 会覆盖前面的值。source 的每个 sub task（子任务）独立生成 watermark。watermark 通过 operator 时会推进 operator 处的当前 EventTime，同时 operator 会为下游生成一个新的 watermark。多输入 operator（如 union、key-By、partition）的当前 EventTime 是其输入流 EventTime 的最小值。注意：多并行度的情况下，watermark 对齐会取所有 channel（通道）中最小的 watermark，图 3-11 就是最简单的并行 watermark 的情况。

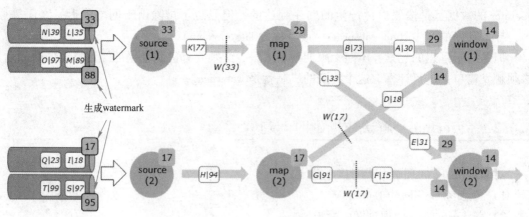

●图 3-11　并行的 watermark

3.4.3　watermark 如何生成

通常在接收到 source 的数据后，应该立刻生成 watermark，但是，也可以在 source 后应用简单的 map 或者 filter 操作，然后再生成 watermark。

生成 watermark 的方式主要有两类。

```
(1):With Periodic Watermarks
(2):With Punctuated Watermarks
```

第一种可以定义一个允许乱序的最大时间，这种应用较多，下面主要围绕 Periodic Watermark 来说明，下面是生成 periodic watermark 的方法。

```
/**

 * This generator generates watermarks assuming that elements come out of order
to a certain degree only.
 * The latest elements for a certain timestamp t will arrive at most n millisec-
onds after the earliest
 * elements for timestamp t.
 */


class BoundedOutOfOrdernessGenerator extends AssignerWithPeriodicWatermarks
[MyEvent] {
val maxOutOfOrderness = 3500L;          //3.5秒
var currentMaxTimestamp: Long;
override def extractTimestamp (element: MyEvent, previousElementTimestamp:
Long): Long = {

val timestamp = element.getCreationTime()
currentMaxTimestamp = max(timestamp, currentMaxTimestamp)
timestamp;
}
override def getCurrentWatermark(): Watermark = {
new Watermark(currentMaxTimestamp - maxOutOfOrderness);
}
```

程序中有一个 extractTimestamp ( ) 方法，就是根据数据本身的 EventTime 来获取 timestamp；还有一个 getCurrentWatermar ( ) 方法，是用 currentMaxTimestamp - maxOutOfOrderness 来获取的。这里的概念有点抽象，下面结合数据，在 window 中实际演示一下每个 element 的 timestamp 和 watermark 是多少，以及何时触发 window。

3.4.4 watermark 处理乱序数据

以下代码实现的功能为：定义一个 10 秒钟的窗口，通过数据的 EventTime 结合 watermark 实现延迟了 10 秒钟的数据的正确统计，将数据的 EventTime 向前推 10 秒钟，得到数据的 watermark。

（1）代码实现

```scala
import java.text.SimpleDateFormat

import org.apache.flink.api.java.tuple.Tuple
import org.apache.flink.contrib.streaming.state.RocksDBStateBackend
import org.apache.flink.streaming.api.{CheckpointingMode, TimeCharacteristic}
import org.apache.flink.streaming.api.environment.CheckpointConfig.
ExternalizedCheckpointCleanup
import org.apache.flink.streaming.api.functions.
AssignerWithPeriodicWatermarks
import org.apache.flink.streaming.api.scala.function.WindowFunction
import org.apache.flink.streaming.api.scala.{DataStream, OutputTag, StreamEx-
ecutionEnvironment}
import org.apache.flink.streaming.api.watermark.Watermark
import org.apache.flink.streaming.api.windowing.assigners.TumblingEventTim-
eWindows
import org.apache.flink.streaming.api.windowing.time.Time
import org.apache.flink.streaming.api.windowing.windows.TimeWindow
import org.apache.flink.util.Collector

import scala.collection.mutable.ArrayBuffer
import scala.util.Sorting

/**
 * 使用 watermark 机制来实现数据延迟问题的解决
 */
object FlinkWaterMark {
  def main(args: Array[String]): Unit = {
    //程序的入口类以及隐式转换的包
    val environment: StreamExecutionEnvironment = StreamExecutionEnvironment.
getExecutionEnvironment

    //默认 checkpoint 功能是未启用的,想要使用的时候需要先启用
    //每隔 1000 毫秒启动一个检查点(即设置 checkpoint 的周期)
    environment.enableCheckpointing(1000)
    //高级选项:
    //设置模式为 EXACTLY_ONCE(这是默认值)
environment.getCheckpointConfig.setCheckpointingMode(CheckpointingMode.
EXACTLY_ONCE)
    //确保检查点之间有至少 500 毫秒的间隔(即 checkpoint 最小间隔)
    environment.getCheckpointConfig.setMinPauseBetweenCheckpoints(500)
    //检查点必须在 1 分钟内完成,或者被丢弃(即 checkpoint 的超时时间)
```

```
environment.getCheckpointConfig.setCheckpointTimeout(60000)
//同一时间只允许有一个检查点
environment.getCheckpointConfig.setMaxConcurrentCheckpoints(1)

/**
    * ExternalizedCheckpointCleanup.RETAIN_ON_CANCELLATION:表示一旦 Flink 处
理程序被取消,就会保留 checkpoint 数据,以便后续根据实际需要恢复到指定的 checkpoint
    * ExternalizedCheckpointCleanup.DELETE_ON_CANCELLATION: 表示一旦 Flink 处
理程序被取消,就会删除 Checkpoint 数据,只有 Job 执行失败的时候才会保存 checkpoint
    * /
environment.getCheckpointConfig.enableExternalizedCheckpoints(Externalized-
CheckpointCleanup.RETAIN_ON_CANCELLATION)


//1、设置 checkpoint 保存的地方
//environment.setStateBackend(new MemoryStateBackend())    //将数据保存到内
存中,实际工作中很少用
//2、将 checkpoint 保存到文件系统,将数据保存到文件系统
// environment.setStateBackend (new FsStateBackend ("hdfs://node01:8020/
flink_state_save"))
//3、将数据情况保存到 RocksDB
environment.setStateBackend(new RocksDBStateBackend("hdfs://node01:8020/
flink_save_checkPoint/checkDir",true))
import org.apache.flink.api.scala._
//设置程序处理的时间标准为 EventTime
environment.setStreamTimeCharacteristic(TimeCharacteristic.EventTime)
environment.setParallelism(1)
//读取 Socket 里面的数据
 val sourceStream: DataStream [String] = environment.socketTextStream
("node01",9000).uid("my_source")
 val tupleStream: DataStream[(String, Long)] = sourceStream.map(x => {
   val strings: Array[String] = x.split(" ")
   (strings(0), strings(1).toLong)
}).uid("mapuid")
//给数据注册 watermark
 val waterMarkStream: DataStream[(String, Long)] = tupleStream.
assignTimestampsAndWatermarks (new AssignerWithPeriodicWatermarks [(String,
Long)] {
   /**
      * 定义 AssignerWithPeriodicWatermarks 这个内部类,需要实现两个方法
      * 第一个方法 getCurrentWatermark()获取当前的 watermark 位置
      *
      * @return
```

```scala
     */
    var currentTimemillis: Long = 0L  //当前的最大事件时间
    var timeDiff: Long = 10000L  //允许数据乱序的最大时间
    val sdf = new SimpleDateFormat("yyyy-MM-dd HH:mm:ss.SSS");

    override def getCurrentWatermark: Watermark = {
      val watermark = new Watermark(currentTimemillis - timeDiff)
      watermark
    }
    /**
      * 抽取 EventTime
      *
      * @param l
      * @return
      */
    override def extractTimestamp(element: (String, Long), l: Long): Long = {
      currentTimemillis = Math.max(currentTimemillis, element._2)
      val id = Thread.currentThread().getId
      println("currentThreadId:" + id + ",key:" + element._1 + ",eventtime:[" +
element._2 + "|" + sdf.format(element._2) + "],currentMaxTimestamp:[" + current-
Timemillis + " |" + sdf.format(currentTimemillis) + "], watermark: [ " +
this.getCurrentWatermark.getTimestamp + "|" + sdf.format(this. getCurrentWa-
termark.getTimestamp) + "]")
      element._2  //获取 EventTime 然后返回即可
    }
  })
  /* waterMarkStream
    .keyBy(0)
    .window(TumblingEventTimeWindows.of(Time.seconds(10)))  //使用滚动窗口,
每隔 10 秒钟往前滚动一次
    .allowedLateness(Time.seconds(2))  //第二种迟到数据处理策略:指定延迟 2 秒钟
的数据都可以接着被处理
    .apply(new MyWindowFunction)
    .print()  //如果打印出"看到这个结果,就证明窗口已经运行了" 就说明窗口已经运行了
*/

  val outputTag: OutputTag[(String, Long)] = new OutputTag[(String, Long)]
("late_data")
  val outputWindow: DataStream[String] = waterMarkStream
    .keyBy(0)
    .window(TumblingEventTimeWindows.of(Time.seconds(3)))
    //.allowedLateness(Time.seconds(2))//允许数据迟到 2 秒
```

```scala
        .sideOutputLateData(outputTag)
        //function: (K, W, Iterable[T], Collector[R]) => Unit
        .apply(new MyWindowFunction)

    val sideOuptut: DataStream[(String, Long)] = outputWindow.getSideOutput
(outputTag)
    sideOuptut.print()
    outputWindow.print()
    //执行程序
    environment.execute()
  }


}


//org.apache.flink.streaming.api.scala.function
//IN, OUT, KEY, W <: Window
class MyWindowFunction   extends WindowFunction[(String,Long),String,Tuple,
TimeWindow]{
  /**
    * 自定义一个类来继承 WindowFunction
    * @param key   输入的数据类型
    * @param window  窗口
    * @param input   窗口里面所有的数据都封装在了 input 中
    * @param out     输出的数据都是通过 out 进行输出的
    */
  override def apply(key: Tuple, window: TimeWindow, input: Iterable[(String,
Long)], out: Collector[String]): Unit = {
      window.getStart//获取窗口的起始时间
    window.getEnd   //获取窗口的结束时间
    val keyStr = key.toString
    val arrBuf = ArrayBuffer[Long]()

    val ite = input.iterator

    while (ite.hasNext){
      val tup2 = ite.next()
      arrBuf.append(tup2._2)
    }
    val arr = arrBuf.toArray
    Sorting.quickSort(arr)   //按照 EventTime 对数据进行排序
    val sdf = new SimpleDateFormat("yyyy-MM-dd HH:mm:ss.SSS");
```

```
    val result = "聚合数据的key为:"+keyStr + "," + "窗口中数据的条数为:"+arr.length
+ "," + "窗口中第一条数据为:"+sdf.format(arr.head) + "," +"窗口中最后一条数据为:"+
sdf.format(arr.last)+ "," + "窗口起始时间为:"+sdf.format(window.getStart) + "," +
"窗口结束时间为:"+sdf.format(window.getEnd)  + "!!!!!看到这个结果,就证明窗口已经运
行了"
    out.collect(result)


  }
}
```

（2）输入测验数据

———————————————————————————————————————
注意:
———————————————————————————————————————

如果需要触发 Flink 的窗口调用，必须满足两个条件：①watermark 时间＞＝eventTime；
②窗口内有数据。

输入测验数据如下。

```
按照10秒钟统计一次,程序会将时间划分为以下时间段
2019-10-01 10:11:00  到  2019-10-01 10:11:10
2019-10-01 10:11:10  到  2019-10-01 10:11:20
2019-10-01 10:11:20  到  2019-10-01 10:11:30
2019-10-01 10:11:30  到  2019-10-01 10:11:40
2019-10-01 10:11:40  到  2019-10-01 10:11:50
2019-10-01 10:11:50  到  2019-10-01 10:12:00


顺序计算:
触发数据计算的条件依据为两个
第一个是 watermark 时间大于数据的事件时间,第二个是窗口之内有数据
这里的 watermark 直接使用事件时间的最大值减去10秒钟


0001 1569895882000 数据 eventTime 为:2019-10-01 10:11:22   数据 watermark 为   2019
-10-01 10:11:12
0001 1569895885000 数据 eventTime 为:2019-10-01 10:11:25   数据 watermark 为   2019
-10-01 10:11:15
0001 1569895888000 数据 eventTime 为:2019-10-01 10:11:28   数据 watermark 为   2019
-10-01 10:11:18


0001 1569895890000 数据 eventTime 为:2019-10-01 10:11:30   数据 watermark 为   2019
-10-01 10:11:20
0001 1569895891000 数据 eventTime 为:2019-10-01 10:11:31   数据 watermark 为   2019
-10-01 10:11:21
0001 1569895895000 数据 eventTime 为:2019-10-01 10:11:35   数据 watermark 为   2019
-10-01 10:11:25
```

0001 1569895898000 数据 eventTime 为:2019-10-01 10:11:38　数据 watermark 为　2019-10-01 10:11:28

0001 1569895900000 数据 eventTime 为:2019-10-01 10:11:40　数据 watermark 为　2019-10-01 10:11:30　触发第一条到第三条数据计算,数据包前不包后,不会计算 2019-10-01 10:11:30 这条数据
0001 1569895911000 数据 eventTime 为:2019-10-01 10:11:51　数据 watermark 为　2019-10-01 10:11:41　触发 2019-10-01 10:11:20 到 2019-10-01 10:11:28 时间段的数据计算,数据包前不包后,不会触发 2019-10-01 10:11:30 这条数据的计算

输入测验数据。

0001 1569895882000
0001 1569895885000
0001 1569895888000
0001 1569895890000
0001 1569895891000
0001 1569895895000
0001 1569895898000
0001 1569895900000
0001 1569895911000
0001 1569895948000
0001 1569895945000
0001 1569895947000
0001 1569895950000
0001 1569895960000
0001 1569895949000

接着继续输入以下乱序数据，验证 Flink 数据乱序问题是否得到解决。

0001 1569895948000 数据 eventTime 为:2019-10-01 10:12:28　数据 watermark 为　2019-10-01 10:12:18
0001 1569895945000 数据 eventTime 为:2019-10-01 10:12:25　数据 watermark 为　2019-10-01 10:12:18
0001 1569895947000 数据 eventTime 为:2019-10-01 10:12:27　数据 watermark 为　2019-10-01 10:12:18

0001 1569895950000 数据 eventTime 为:2019-10-01 10:12:30　数据 watermark 为　2019-10-01 10:12:20

0001 1569895960000 数据 eventTime 为:2019-10-01 10:12:40　数据 watermark 为　2019-10-01 10:12:30　触发计算 watermark > eventTime 并且窗口内有数据,触发 2019-10-01 10:12:28 到 2019-10-01 10:12:27 这三条数据的计算,数据包前不包后,不会触发 2019-10-01 10:12:30 这条数据的计算

```
0001 1569895949000 数据 eventTime 为:2019-10-01 10:12:29  数据 watermark 为  2019
-10-01 10:12:30  迟到太多的数据,Flink 直接丢弃,可以设置 Flink 将这些迟到太多的数据保
存起来,便于排查问题
```

3.4.5 比 watermark 更晚的数据如何解决

数据的 EventTime 为 2019-08-20 15:30:30,程序的窗口为 10 秒,设置的 watermark 为 2019-08-20 15:30:40,那么如果某一条数据的 EventTime 为 2019-08-20 15:30:32,到达 Flink 程序的时间为 2019-08-20 15:30:45,该如何处理(这条数据比窗口的 watermark 时间还要晚 5 秒钟)对于这种比 watermark 还要晚的数据,Flink 有三种处理方式。

(1)直接丢弃

输入一个乱序情况很多的(其实只要 EventTime < watermark 时间即可)数据来测试一下。

```
late element
0001 1569895948000 数据 eventTime 为:2019-10-01 10:12:28  数据直接丢弃
0001 1569895945000 数据 eventTime 为:2019-10-01 10:12:25  数据直接丢弃
```

注意:

此时并没有触发窗口,因为输入数据所在的窗口已经执行过了,Flink 对这些迟到数据的默认处理方案就是丢弃。

(2)指定允许数据延迟的时间

在某些情况下,开发人员希望对迟到的数据提供一段宽容时间。

Flink 提供的 allowedLateness( )方法可以对延迟的数据设置一个延迟时间,在指定延迟时间内到达的数据还是可以触发窗口执行的。

修改代码如下。

```
waterMarkStream
  .keyBy(0)
  .window(TumblingEventTimeWindows.of(Time.seconds(3)))
  .allowedLateness(Time.seconds(2))//允许数据迟到 2 秒
  //function: (K, W, Iterable[T], Collector[R]) => Unit
  .apply(new MyWindowFunction).print()
```

更改代码之后重启程序,然后重新输入之前的数据。

验证数据的延迟性:对仅延迟 2 秒的数据重新接收、重新计算。

```
0001 1569895948000  数据 EventTime 为:2019-10-01 10:12:28  触发数据计算  数据 wa-
termark 时间为  2019-10-01 10:12:30
0001 1569895945000  数据 EventTime 为:2019-10-01 10:12:25  触发数据计算  数据 wa-
termark 时间为  2019-10-01 10:12:30
```

0001 1569895958000　数据 EventTime 为:2019-10-01 10:12:38　不会触发数据计算 数据 watermark 为　2019-10-01 10:12:30　watermark 时间　<　EventTime,所以不会触发计算

将数据的 watermark 调整为 41 秒就可以触发上面这条数据的计算了
0001 1569895971000　数据 EventTime 为:2019-10-01 10:12:51　数据 watermark 时间为 2019-10-01 10:12:41
又会继续触发 0001 1569895958000 这条数据的计算了

(3) 收集延迟的数据

通过 sideOutputLateData( )方法可以把延迟的数据统一收集、统一存储，方便后期排查问题。需要先调整代码:

```scala
import java.text.SimpleDateFormat

import org.apache.flink.api.java.tuple.Tuple
import org.apache.flink.streaming.api.TimeCharacteristic
import
org.apache.flink.streaming.api.functions.AssignerWithPunctuatedWatermarks
import org.apache.flink.streaming.api.scala.function.WindowFunction
import org.apache.flink.streaming.api.scala.{DataStream, OutputTag, StreamEx-
ecutionEnvironment}
import org.apache.flink.streaming.api.watermark.Watermark
import org.apache.flink.streaming.api.windowing.assigners. TumblingEventTim-
eWindows
import org.apache.flink.streaming.api.windowing.time.Time
import org.apache.flink.streaming.api.windowing.windows.TimeWindow
import org.apache.flink.util.Collector

import scala.collection.mutable.ArrayBuffer
import scala.util.Sorting


object FlinkWaterMark {
  def main(args: Array[String]): Unit = {
    val env = StreamExecutionEnvironment.getExecutionEnvironment
    import org.apache.flink.api.scala._
    //设置时间类型为 EventTime
    env.setStreamTimeCharacteristic(TimeCharacteristic.EventTime)
    //暂时定义并行度为 1
    env.setParallelism(1)
    val text = env.socketTextStream("node01",9000)
```

```scala
    val inputMap: DataStream[(String, Long)] = text.map(line => {
      val arr = line.split(" ")
      (arr(0), arr(1).toLong)
    })


    //为数据注册 watermark
    val waterMarkStream: DataStream[(String, Long)] = inputMap
        .assignTimestampsAndWatermarks (new AssignerWithPunctuatedWatermarks
[(String, Long)] {
        var currentMaxTimestamp = 0L


        //watermark 基于 EventTime 向后推迟 10 秒钟,允许消息最大乱序时间为 10 秒·
        val waterMarkDiff: Long = 10000L


        val sdf = new SimpleDateFormat("yyyy-MM-dd HH:mm:ss.SSS");
        //获取下一个 watermark
        override def checkAndGetNextWatermark(t: (String, Long), l: Long): Water-
mark = {
            val watermark = new Watermark(currentMaxTimestamp - waterMarkDiff)
            watermark
        }
        //抽取当前数据的时间作为 eventTime 变量的值
        override def extractTimestamp(element: (String, Long), l: Long): Long = {
          val eventTime = element._2
          currentMaxTimestamp = Math.max(eventTime, currentMaxTimestamp)
          val id = Thread.currentThread().getId
println("currentThreadId:"+id+",key:"+element._1+",eventtime:["+element._2+"
|"+sdf.format(element._2)+"],currentMaxTimestamp:["+currentMaxTimestamp+" |"+
sdf.format(currentMaxTimestamp)+"],watermark:["+this.checkAndGetNextWater-
mark(element,l).getTimestamp+" |"+sdf.format(this.checkAndGetNextWatermark
(element,l).getTimestamp)+"]")
          eventTime
        }
      })


    val outputTag: OutputTag[(String, Long)] = new OutputTag[(String,Long)]("
late_data")
    val outputWindow: DataStream[String] = waterMarkStream
      .keyBy(0)
      .window(TumblingEventTimeWindows.of(Time.seconds(3)))
```

```scala
      //.allowedLateness(Time.seconds(2))//允许数据迟到2秒
      .sideOutputLateData(outputTag)
      //function: (K, W, Iterable[T], Collector[R]) => Unit
      .apply(new MyWindowFunction)


    val sideOuptut: DataStream[(String, Long)] = outputWindow.getSideOutput
(outputTag)

    sideOuptut.print()
    outputWindow.print()

    //执行程序
    env.execute()

  }
}


class MyWindowFunction extends WindowFunction[(String,Long),String,Tuple,Tim-
eWindow]{
  override def apply(key: Tuple, window: TimeWindow, input: Iterable[(String,
Long)], out: Collector[String]): Unit = {
    val keyStr = key.toString
    val arrBuf = ArrayBuffer[Long]()
    val ite = input.iterator
    while (ite.hasNext){
      val tup2 = ite.next()
      arrBuf.append(tup2._2)
    }
    val arr = arrBuf.toArray
    Sorting.quickSort(arr)
    val sdf = new SimpleDateFormat("yyyy-MM-dd HH:mm:ss.SSS");
    val result = keyStr + "," + arr.length + "," + sdf.format(arr.head) + "," +
sdf.format(arr.last)+ "," + sdf.format(window.getStart) + "," + sdf.format(win-
dow.getEnd)
    out.collect(result)
  }
}
```

输入以下数据进行验证：

```
0001 1569895882000
0001 1569895885000
0001 1569895888000
```

```
0001 1569895890000
0001 1569895891000
0001 1569895895000
0001 1569895898000
0001 1569895900000
0001 1569895911000
0001 1569895948000
0001 1569895945000
0001 1569895947000
0001 1569895950000
0001 1569895960000
0001 1569895949000
```

输入两条延迟的数据，会被收集起来。

```
0001 1569895948000
0001 1569895945000
```

此时，这几条延迟的数据都通过 sideOutputLateData( )方法保存到了 outputTag 中。

3.4.6　多并行度的 watermark 机制

前面代码中设置了并行度为 1。

```
env.setParallelism(1);
```

如果这里不设置的话，代码在运行的时候会默认读取本机 CPU 数量来设置并行度。把代码的并行度代码注释掉，然后在输出内容前面加上线程 id（见图 3-12），对代码进行改造。

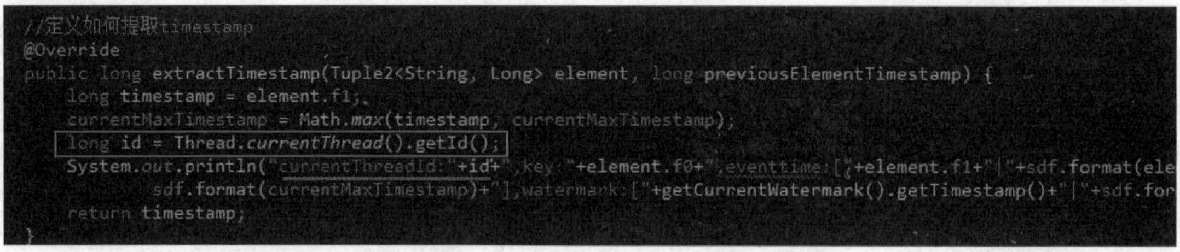

●图 3-12　Flink 的多并行度

之后输入以下几行内容：

```
0001,1538359882000
0001,1538359886000
0001,1538359892000
0001,1538359893000
0001,1538359894000
```

```
0001,1538359896000
0001,1538359897000
```

输出结果如图 3-13 所示。

●图 3-13 默认并行度下的输出结果

从中看出，窗口没有被触发，因为此时这 7 条数据都是被不同的线程处理的，每个线程都有一个 watermark。因为在多并行度的情况下，watermark 对齐会取所有 channel 中最小的 watermark，但是现在默认有 8 个并行度，这 7 条数据都被不同的线程所处理，不能获取最小的 watermark，所以窗口无法被触发执行。下面再验证一下，把代码中的并行度调整为 2。

```
env.setParallelism(2)
```

输入如下内容：

```
0001 1569895890000
0001 1569895903000
0001 1569895908000
```

输出结果如图 3-14 所示。

●图 3-14 修改并行度后的输出结果

此时会发现，当第三条数据输入以后，[10:11:30,10:11:33) 这个窗口被触发了。前两条数据输入之后，获得的最小 watermark 是 10:11:20，这个时候对应的窗口中没有数据。第三条数据输入之后，获得的最小 watermark 是 10:11:33，这个时候对应的窗口就是 [10:11:30,10:11:33)，所以就触发了。

3.5 DataStream 的状态保存和恢复

第 2 章的单词统计例子中没有包含状态管理。如果一个 Task 在处理过程中停止了，那么它在内存中的状态都会丢失，所有的数据都需要重新计算。从容错和消息处理的语义上（at-least-once，exactly-once），Flink 引入了 state（状态）和 checkpoint（检查点）。

首先区分一下两个概念。state 一般指一个具体的 Task/operator 的状态（state 数据默认保存在 Java 的堆内存中），而 checkpoint（可以理解为把 state 数据持久化存储了）则表示了一个 Flink Job 在一个特定时刻的全局状态快照，即包含了所有 Task/operator 的状态。注意：Task 是 Flink 执行的基本单位，operator 指算子（transformation）。

state 可以被记录，在失败的情况下数据还可以恢复。Flink 中有两种基本类型的 state：keyed state 和 operator state。

每种 state 都有两种方式存在：原始状态（raw state）和托管状态（managed state）。托管状态是由 Flink 框架管理的状态，而原始状态由用户自行管理其具体的数据结构，框架在做 checkpoint 的时候，使用 byte[ ] 来读写它的状态内容，对其内部数据结构一无所知。

通常在 DataStream 上的状态推荐使用托管状态，当实现一个用户自定义的 operator 时，会用到原始状态。Flink 官网关于 state 的介绍在 https://ci. apache. org/projects/flink/flink-docs-release-1. 6/dev/stream/state/state. html#using-managed-operator-state。这两种状态的对比见表 3-1。

表 3-1　两种状态的对比

对比内容	托管状态	原始状态
状态管理方式	Flink 运行时托管，自动存储、自动恢复、自动伸缩	用户自己管理
状态数据结构	Flink 提供的常用数据结构，如 ListState、MapState 等	字节数组：byte[ ]
使用场景	绝大多数 Flink 算子	用户自定义算子

3.5.1　keyed state 的托管状态

顾名思义，keyed state 就是基于 KeyedStream 的状态，这个状态是与特定的 key 绑定的，KeyedStream 上的每一个 key 都对应一个 state（stream. keyBy( )）。

保存 state 的数据结构如下。

- ValueState<T>：即类型为 T 的单值状态。这个状态与对应的 key 绑定，是最简单的状态。它可以通过 update( ) 方法更新状态值，通过 value( ) 方法获取状态值。
- ListState<T>：即 key 上的状态值为一个列表。可以通过 add( ) 方法往列表中添加值，也可以通过 get( ) 方法返回一个 Iterable<T> 来遍历状态值。
- ReducingState<T>：这种状态使用用户传入的 reduceFunction，每次调用 add( ) 方法添加值的时候，会调用 reduceFunction，最后合并到一个单一的状态值。
- MapState<UK,UV>：即状态值为一个 map。用户通过 put( ) 或 putAll( ) 方法添加元素。

需要注意的是，以上所述的 state 对象仅仅用于与状态进行交互（更新、删除、清空等），而真正的状态值有可能存放在内存、磁盘或者其他分布式存储系统中，即相当于只是持有了这个状态的句柄。

（1）ValueState

ValueState 会针对每一个 key 对应的数据存储一个 value，通过获取 value 可以得到一些数据信息，例如通过 ValueState 来求取平均值。

```
import org.apache.flink.api.common.functions.RichFlatMapFunction
import org.apache.flink.api.common.state.{ValueState,ValueStateDescriptor}
```

```scala
import org.apache.flink.configuration.Configuration
import org.apache.flink.streaming.api.scala.StreamExecutionEnvironment
import org.apache.flink.util.Collector

object ValueStateOperate {
  def main(args: Array[String]): Unit = {
    val env = StreamExecutionEnvironment.getExecutionEnvironment
    import org.apache.flink.api.scala._
    env.fromCollection(List(
      (1L, 3d),
      (1L, 5d),
      (1L, 7d),
      (1L, 4d),
      (1L, 2d)
    )).keyBy(_._1)
      .flatMap(new CountWindowAverage())
      .print()
    env.execute()
  }
}


class CountWindowAverage extends RichFlatMapFunction [(Long, Double), (Long,
Double)] {
  private var sum: ValueState[(Long, Double)] = _

  override def flatMap(input: (Long, Double), out: Collector[(Long, Double)]): U-
nit = {
    val tmpCurrentSum = sum.value
    //如果之前没有用过,将为null
    val currentSum = if (tmpCurrentSum != null) {
      tmpCurrentSum
    } else {
      (0L, 0d)
    }
    //更新计数
    val newSum = (currentSum._1 + 1, currentSum._2 + input._2)
    //更新状态
    sum.update(newSum)
    //如果计数达到2,则发出平均值并清除状态
    if (newSum._1 >= 2) {
      out.collect((input._1, newSum._2 / newSum._1))
      //将状态清除
```

```
    //sum.clear()
  }
}
override def open(parameters: Configuration): Unit = {
  sum = getRuntimeContext.getState(
    new ValueStateDescriptor[(Long, Double)]("average", classOf[(Long, Doub-
le)])
  )
}
}
```

（2）ListState

ListState 会针对每一个 key 对应的数据存储一个列表，开发人员可以通过获取列表来得到一些历史数据信息，例如通过 ListState 求取数据的平均值。

```
import java.lang
import java.util.Collections

import org.apache.flink.api.common.functions.RichFlatMapFunction
import org.apache.flink.api.common.state.{ListState, ListStateDescriptor}
import org.apache.flink.configuration.Configuration
import org.apache.flink.streaming.api.scala.StreamExecutionEnvironment
import org.apache.flink.util.Collector

/**
  * ListState<T> :这个状态为每一个 key 保存集合的值
  *     get():获取状态值
  *     add() /addAll():更新状态值,将数据放到状态中
  *     clear():清除状态
  */
object ListStateOperate {
  def main(args: Array[String]): Unit = {
    val env = StreamExecutionEnvironment.getExecutionEnvironment
    import org.apache.flink.api.scala._
    env.fromCollection(List(
      (1L, 3d),
      (1L, 5d),
      (1L, 7d),
      (2L, 4d),
      (2L, 2d),
      (2L, 6d)
    )).keyBy(_._1)
      .flatMap(new CountWindowAverageWithList)
```

```
      .print()
    env.execute()
  }
}



class CountWindowAverageWithList extends RichFlatMapFunction[(Long,Double),
(Long,Double)]{

  //定义所有的历史数据
  private var elementsByKey:ListState[(Long,Double)] = _



  override def open(parameters: Configuration): Unit = {
    //初始化获取历史状态的值,每个 key 对应的所有历史值都存储在 list 集合里面了
    val listState = new ListStateDescriptor[(Long,Double)]("listState",classOf
[(Long,Double)])
    elementsByKey = getRuntimeContext.getListState(listState)


  }


  override def flatMap(element: (Long, Double), out: Collector[(Long, Double)]):
Unit = {
    val currentState: lang.Iterable[(Long, Double)] = elementsByKey.get()//获取
当前 key 的状态值
    //如果初始状态为空,那么就进行初始化,构造一个空的集合出来,准备用于存储后续的数据
    if(currentState ==null){
      elementsByKey.addAll(Collections.emptyList())
    }
    elementsByKey.add(element)
    import scala.collection.JavaConverters._
    val allElements: Iterator[(Long, Double)] = elementsByKey.get().iterator
().asScala
  val allElementList: List[(Long, Double)] = allElements.toList
    if(allElementList.size >= 3){
      var count = 0L
      var sum = 0d
      for(eachElement <- allElementList){
        count +=1
        sum += eachElement._2
      }
```

```
        out.collect((element._1,sum/count))
      }
   }
}
```

（3）MapState

MapState 会针对每一个 key 对应的数据存储一个 map 集合，开发人员可以通过获取 map 来得到一些历史数据信息，例如可以通过 MapState 来求取数据的平均值。

```scala
import java.util.UUID

import org.apache.flink.api.common.functions.RichFlatMapFunction
import org.apache.flink.api.common.state.{MapState, MapStateDescriptor}
import org.apache.flink.configuration.Configuration
import org.apache.flink.streaming.api.scala.StreamExecutionEnvironment
import org.apache.flink.util.Collector


object MapStateOperate {
    def main(args: Array[String]): Unit = {
      val env = StreamExecutionEnvironment.getExecutionEnvironment
      import org.apache.flink.api.scala._
      env.fromCollection(List(
        (1L, 3d),
        (1L, 5d),
        (1L, 7d),
        (2L, 4d),
        (2L, 2d),
        (2L, 6d)
      )).keyBy(_._1)
        .flatMap(new CountWithAverageMapState)
        .print()
      env.execute()
    }
}


class CountWithAverageMapState extends RichFlatMapFunction [(Long, Double),
(Long,Double)]{
    private var mapState:MapState[String,Double] = _
   //初始化获取 MapState 对象
  override def open(parameters: Configuration): Unit = {
    val mapStateOperate = new MapStateDescriptor[String,Double]("mapStateOper-
ate",classOf[String],classOf[Double])
    mapState = getRuntimeContext.getMapState(mapStateOperate)
```

```scala
  }
  override def flatMap(input: (Long, Double), out: Collector[(Long, Double)]): U-
nit = {
    //将相同的 key 对应的数据放到一个 map 集合中,如 1 -> List[Map,Map,Map]
    //每次都构建一个 map 集合
    mapState.put(UUID.randomUUID().toString,input._2)
    import scala.collection.JavaConverters._
    //获取 map 集合中所有的 value,将数据的 value 放到 map 的 value 中
    val listState: List[Double] = mapState.values().iterator().asScala.toList
    if(listState.size >=3){
      var count = 0L
      var sum = 0d
      for(eachState <- listState){
        count +=1
        sum += eachState
      }
      println("average"+ sum/count)
      out.collect(input._1,sum/count)
    }
  }
}
```

（4）ReducingState

ReducingState 用于每一个 key 对应的历史数据进行聚合，例如可以通过 ReducingState 来实现对历史数据的累加等操作。

```scala
import org.apache.flink.api.common.functions.{ReduceFunction, RichFlatMap-
Function}
import org.apache.flink.api.common.state.{ReducingState, ReducingStateDe-
scriptor}
import org.apache.flink.configuration.Configuration
import org.apache.flink.streaming.api.scala.StreamExecutionEnvironment
import org.apache.flink.util.Collector

/**
  * ReducingState<T> :这个状态为每一个 key 保存一个聚合之后的值
  *     get():获取状态值
  *     add():更新状态值,将数据放到状态中
  *     clear():清除状态
  */
object ReduceingStateOperate {
  def main(args: Array[String]): Unit = {
    val env = StreamExecutionEnvironment.getExecutionEnvironment
```

```scala
    import org.apache.flink.api.scala._
    env.fromCollection(List(
      (1L, 3d),
      (1L, 5d),
      (1L, 7d),
      (2L, 4d),
      (2L, 2d),
      (2L, 6d)
    )).keyBy(_._1)
      .flatMap(new CountWithReduceingAverageStage)
      .print()
    env.execute()
  }
}




class CountWithReduceingAverageStage extends RichFlatMapFunction[(Long,Double),(Long,Double)]{

  private var reducingState:ReducingState[Double] = _

  override def open(parameters: Configuration): Unit = {


    val reduceSum = new ReducingStateDescriptor[Double]("reduceSum", new ReduceFunction[Double] {
      override def reduce(value1: Double, value2: Double): Double = {
        value1+ value2


      }
    }, classOf[Double])

    reducingState = getRuntimeContext.getReducingState[Double](reduceSum)

  }
  override def flatMap(input: (Long, Double), out: Collector[(Long, Double)]): Unit = {
    reducingState.add(input._2)
    out.collect(input._1,reducingState.get())
  }
}
```

（5）AggregatingState

AggregatingState 与 ReducingState 功能类似，也是针对每个 key 对应的数据进行聚合操作，例如用来求最大值、最小值、平均值等。

```scala
import org.apache.flink.api.common.functions.{AggregateFunction, RichFlat-
MapFunction}
import org.apache.flink.api.common.state.{AggregatingState, Aggregating-
StateDescriptor}
import org.apache.flink.configuration.Configuration
import org.apache.flink.streaming.api.scala.StreamExecutionEnvironment
import org.apache.flink.util.Collector

object AggregrageStateOperate {
  def main(args: Array[String]): Unit = {
    val env = StreamExecutionEnvironment.getExecutionEnvironment
    import org.apache.flink.api.scala._
    env.fromCollection(List(
      (1L, 3d),
      (1L, 5d),
      (1L, 7d),
      (2L, 4d),
      (2L, 2d),
      (2L, 6d)
    )).keyBy(_._1)
      .flatMap(new AggregrageState)
      .print()
    env.execute()
  }
}


class AggregrageState extends RichFlatMapFunction [(Long, Double), (Long,
String)]{

  private var aggregateTotal:AggregatingState[Double, String] = _

  override def open(parameters: Configuration): Unit = {
    /**
      * name: String,
      * aggFunction: AggregateFunction[IN, ACC, OUT],
      * stateType: Class[ACC]
      */
```

```scala
    val aggregateStateDescriptor = new AggregatingStateDescriptor[Double,
String, String] ("aggregateState", new AggregateFunction[Double, String,
String] {
    override def createAccumulator(): String = {
      "Contains"
    }

    override def add(value: Double, accumulator: String): String = {
      if ("Contains".equals(accumulator)) {
        accumulator + value
      }
      accumulator + "and" + value
    }

    override def getResult(accumulator: String): String = {
      accumulator
    }

    override def merge(a: String, b: String): String = {
      a + "and" + b
    }
  }, classOf[String])
  aggregateTotal = getRuntimeContext.getAggregatingState(aggregateStateDe-
scriptor)
  }

  override def flatMap(input: (Long, Double), out: Collector[(Long, String)]): U-
nit = {
    aggregateTotal.add(input._2)
    out.collect(input._1,aggregateTotal.get())
  }
}
```

3.5.2   operator state 的托管状态

对于与 key 无关的 DataStream 可以进行状态托管，与 operator 进行绑定后对数据进行处理，整个 operator 只对应一个 state。保存 state 的数据结构一般使用 ListState<T>，举例来说，Flink 中的 Kafka Connector 就使用了 operator state，它会在每个 Connector 实例中保存该实例中消费 topic 的所有（partition,offset）映射。

例如可以使用 operator state 来实现每两条数据打印一次。

```scala
import org.apache.flink.streaming.api.functions.sink.SinkFunction
import org.apache.flink.streaming.api.scala.{DataStream, StreamExecutionEn-
vironment}

import scala.collection.mutable.ListBuffer

object OperatorState {

  def main(args: Array[String]): Unit = {
    val env = StreamExecutionEnvironment.getExecutionEnvironment
    import org.apache.flink.api.scala._
    val sourceStream: DataStream[(String, Int)] = env.fromCollection(List(
      ("Spark", 3),
      ("Hadoop", 5),
      ("Hadoop", 7),
      ("spark", 9)
    ))
    sourceStream.addSink(new OperateTaskState).setParallelism(1)
    env.execute()
  }

}


class OperateTaskState extends SinkFunction[(String,Int)]{
  //声明列表,用于每两条数据打印一次
  private var listBuffer:ListBuffer[(String,Int)] = new ListBuffer[(String,
Int)]
  override def invoke(value: (String, Int), context: SinkFunction.Context[_]):
Unit = {
    listBuffer.+=(value)
    if(listBuffer.size==2){
      println(listBuffer)
      listBuffer.clear()
    }
  }
}
```

3.5.3　状态管理之 StateBackend

默认情况下，state 会保存在 TaskManager 的内存中，checkpoint 会存储在 JobManager 的

内存中。state 的存储和 checkpoint 的位置取决于 StateBackend 的配置。Flink 一共提供了三种 StateBackend。

- MemoryStateBackend：基于内存存储。
- FsStateBackend：基于文件系统存储。
- RocksDBStateBackend：基于数据库存储。

可以通过 StreamExecutionEnvironment. setStateBackend( )来设置 state 的存储位置。

（1）MemoryStateBackend

如图 3-15 所示，在这种方式下，数据持久化状态存储在内存中，state 数据保存在 Java 堆内存中，执行 checkpoint 时会把 state 的快照数据保存到 JobManager 的内存中。基于内存的 StateBackend 在生产环境下不建议使用。

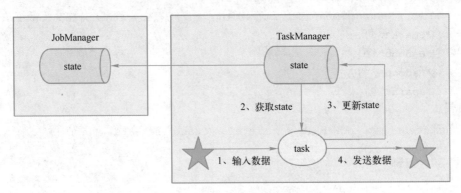

●图 3-15　MemoryStateBackend 示意图

代码配置如下。

```
environment.setStateBackend(new MemoryStateBackend())
```

（2）FsStateBackend

在这种方式下，state 数据保存在 TaskManager 的内存中，执行 checkpoint 时会把 state 的快照数据保存到配置的文件系统中。可以使用 HDFS 等分布式文件系统。FsStateBackend 适合的场景：state 数据特别多，还有长时间的窗口算子等。因为它是基于 HDFS 的，所以数据有备份、很安全。图 3-16 中就是将 state 存储到了 HDFS 中。

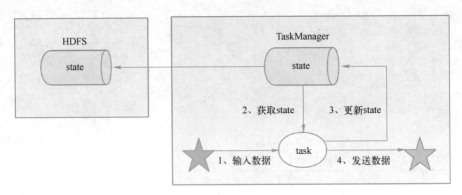

●图 3-16　FsStateBackend 示意图

代码配置如下。

```
environment.setStateBackend(new FsStateBackend("hdfs://node01:8020/flink/
checkDir"))
```

（3）RocksDBStateBackend

RocksDB 使用一套日志结构的数据库引擎，它是 Flink 中内置的第三方状态管理器，为了获得更好的性能，这套引擎是用 C＋＋编写的。key 和 value 是任意大小的字节流。RocksDB 中的存储与前面两个都略有不同，它会在本地文件系统中维护状态，state 会直接写入本地 RocksDB 中。同时，它需要配置一个远端的文件系统 URI（一般是 HDFS），在做 checkpoint 的时候，会把本地的数据直接复制到文件系统中。failover（失效转移）的时候从文件系统中恢复到本地 RocksDB 克服了 state 受内存限制的缺点，同时又能够持久化到远端文件系统中，比较适合在生产中使用，如图 3-17 所示。

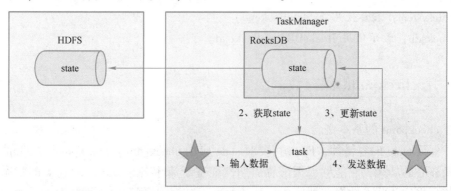

●图 3-17　RocksDBStateBackend 示意图

代码配置：导入 jar 包然后配置代码。

```
<dependency>
    <groupId>org.apache.flink</groupId>
    <artifactId>flink-statebackend-rocksdb_2.11</artifactId>
    <version>1.9.2</version>
</dependency>


environment.setStateBackend(new RocksDBStateBackend ("hdfs:// node01:8020/
flink/checkDir",true))
```

修改 StateBackend 有两种方式。

（1）单任务调整

修改当前任务代码。

```
env.setStateBackend(
new FsStateBackend("hdfs://node01:8020/flink/checkDir"))
```

或者

```
new MemoryStateBackend()
```

或者

```
new RocksDBStateBackend(filebackend,true);      //需要添加第三方依赖
```

（2）全局调整

修改 flink-conf. yaml。

```
state.backend: filesystem
state.checkpoints.dir: hdfs://node01:8020/flink/checkDir
```

注意：

state. backend 的值可以是下面几种：

1）jobmanager：表示使用 MemoryStateBackend。

2）filesystem：表示使用 FsStateBackend。

3）rocksdb：表示使用 RocksDBStateBackend。

3.5.4 用 checkpoint 保存数据

（1）checkpoint 的基本概念

为了保证 state 的容错性，Flink 需要对 state 应用 checkpoint。checkpoint 是 Flink 实现容错机制最核心的功能，它能够根据配置周期性地基于流中各个 operator/Task 的状态来生成快照，从而将这些状态数据定期持久化存储下来，当 Flink 程序意外崩溃时，重新运行程序后可以有选择地从这些快照中进行恢复，从而修正因为故障带来的程序异常数据。

（2）checkpoint 的前提

Flink 的 checkpoint 机制可以与流和状态的持久化存储交互的前提有以下几点。

1）具有持久化的 source，它需要支持在一定时间内重放事件。这种 source 的典型例子是持久化的消息队列（比如 Apache Kafka、RabbitMQ 等）、文件系统（比如 HDFS、S3、GFS 等）。

2）用于 state 的持久化存储，例如分布式文件系统（如 HDFS、S3、GFS 等）。

3）完成 Flink 进行 checkpoint 操作需要的步骤。

a）暂停新数据的输入，等待流中正在运行（on-the-fly）的数据被处理干净，此时得到 Flink Graph 的一个快照，将所有 Task 中的 state 复制到 StateBackend 中，如 HDFS。此动作由各个 TaskManager 完成，各个 TaskManager 将 Task State 的位置上报给 JobManager，完成 checkpoint。

b）恢复数据的输入。如上所述，这里只有进行了"暂停输入+排干 on-the-fly 数据"的操作，才能拿到同一时刻下所有子任务的状态。

（3）配置 checkpoint

checkpoint 功能默认是未启用的，想要使用的时候需要先启用。checkpoint 开启之后，其默认的模式是 exactly-once。checkpoint 的模式有两种：exactly-once 和 at-least-once。exactly-once 对于大多数应用来说是最合适的，at-least-once 可能用在某些延迟超低的应用

程序（延迟始终为几毫秒）中。

```
//每隔 1000 毫秒进行启动一个 checkpoint (设置 checkpoint 的周期)
environment.enableCheckpointing(1000);
//高级选项:
//设置模式为 exactly-once (这是默认值)
environment.getCheckpointConfig.setCheckpointingMode(CheckpointingMode.
EXACTLY_ONCE);
//确保 checkpoint 之间有至少 500 毫秒的间隔(checkpoint 最小间隔)
environment.getCheckpointConfig.setMinPauseBetweenCheckpoints(500);
//checkpoint 必须在一分钟内完成,或者被丢弃(checkpoint 的超时时间)
environment.getCheckpointConfig.setCheckpointTimeout(60000);
//同一时间只允许有一个 checkpoint
environment.getCheckpointConfig.setMaxConcurrentCheckpoints(1);

/**
  * ExternalizedCheckpointCleanup.RETAIN_ON_CANCELLATION:表示 Flink 处理程序被
取消后,会保留 checkpoint 数据,以便根据实际需要恢复到指定的 checkpoint
  * ExternalizedCheckpointCleanup.DELETE_ON_CANCELLATION: 表示 Flink 处理程序被
取消后,会删除 checkpoint 数据,只有 Job 执行失败时才会保存 checkpoint
  */
environment.getCheckpointConfig.enableExternalizedCheckpoints(Externalized-
CheckpointCleanup.RETAIN_ON_CANCELLATION);
```

（4）从 checkpoint 恢复数据以及保存多个 checkpoint

默认情况下，如果设置了 checkpoint 选项，则 Flink 只保留最近成功生成的 1 个 checkpoint，而当 Flink 程序失败时，可以从最近的这个 checkpoint 进行恢复。如果保留多个 checkpoint，并能够根据实际需要选择其中一个进行恢复，就会更加灵活，比如，运维人员发现最近 4 个小时的数据记录处理有问题时，会希望将整个状态还原到 4 个小时之前。

Flink 可以支持保留多个 checkpoint，这需要在 Flink 的配置文件 conf/flink-conf.yaml 中添加如下内容，指定 checkpoint 的保存个数。

```
state.checkpoints.num-retained:20
```

设置以后可以查看对应的 checkpoint 在 HDFS 上存储的文件目录。

```
hdfs dfs -ls hdfs://node01:8020/flink/checkpoints
```

如果希望回退到某个 checkpoint 恢复某个历史版本数据，只需要指定对应的 checkpoint 路径即可。

如果 Flink 程序异常失败，或者最近一段时间内数据处理错误，运维人员就可以将程序从某个 checkpoint 进行恢复。

```
bin/flink run -s hdfs://node01:8020/flink/checkpoints/
467e17d2cc343e6c56255d222bae3421/chk-56/_metadata flink-job.jar
```

程序正常运行后，还会按照 checkpoint 配置运行，继续生成 checkpoint 数据。

3.5.5　用 savepoint 保存数据

（1）savepoint 介绍

Flink 通过 savepoint（保存点）功能可以做到程序升级后，继续从升级前的那个点开始执行计算，保证数据不中断。savepoint 是通过 checkpoint 机制为流式 Job 创建的一致性快照。可以保存数据源 offset（偏移量）、operator 操作状态等信息，可以从过去做了 savepoint 的任意时刻开始继续消费。它由用户手动执行，是指向 checkpoint 的指针，不会过期。常在程序升级的情况下使用。

> **注意：**
>
> 为了能够在 Job 的不同版本之间以及 Flink 的不同版本之间顺利升级，强烈推荐程序员通过 uid（String）方法手动给 operator 赋予 ID，这些 ID 将用于确定每一个 operator 的状态范围。如果不手动指定，则会由 Flink 自动给每个 operator 生成一个 ID。只要这些 ID 没有改变就能从 savepoint 将程序恢复，而这些自动生成的 ID 依赖于程序的结构，并且对代码的更改是很敏感的，因此，强烈建议用户手动设置 ID。

（2）savepoint 的使用

1）在 flink-conf. yaml 中配置 savepoint 的存储位置。

存储位置不是必须设置，但是设置后，后面创建指定 Job 的 savepoint 时，可以不用在手动执行命令时指定 savepoint 的位置。

```
state.savepoints.dir: hdfs://node01:8020/flink/savepoints
```

2）触发一个 savepoint（直接触发或者在取消时触发），针对 on yarn 模式需要指定-yid 参数。

```
bin/flink savepoint jobId [targetDirectory] [-yid yarnAppId]
bin/flink cancel -s [targetDirectory] jobId [-yid yarnAppId]
```

3）从指定的 savepoint 启动 Job。

```
bin/flink run -s savepointPath [runArgs]
```

3.6　DataStream 集成 Kafka

对于实时处理，实际工作中的数据源一般都是使用 Kafka，所以下面来看看如何通过 Flink 集成 Kafka。Flink 提供了一个特有的 Kafka 连接器去读写 Kafka topic 的数据。Flink 消费 Kafka 数据时，并不是完全通过跟踪 Kafka 消费组的 offset 来保证 exactly-once 的语义，而是通过 Flink 内部跟踪 offset 和设置 checkpoint，而且对于 Kafka 的 partition，Flink 会启动对应的并行度去处理其中的数据。

关于 Flink 整合 Kafka 的官网介绍参见 https://ci. apache. org/ projects/ flink/ flink-docs-release-1. 6/ dev/ connectors/ kafka. html。

3. 6. 1 导入 jar 包

构建 Maven 工程，导入相关依赖。

```
<dependency>
    <groupId>org.apache.flink</groupId>
    <artifactId>flink-connector-kafka-0.11_2.11</artifactId>
    <version>1.8.1</version>
</dependency>
<dependency>
    <groupId>org.apache.kafka</groupId>
    <artifactId>kafka-clients</artifactId>
    <version>1.1.0</version>
</dependency>

<dependency>
    <groupId>org.slf4j</groupId>
    <artifactId>slf4j-api</artifactId>
    <version>1.7.25</version>
</dependency>

<dependency>
    <groupId>org.slf4j</groupId>
    <artifactId>slf4j-log4j12</artifactId>
    <version>1.7.25</version>
</dependency>
```

3. 6. 2 将 Kafka 作为 Flink 的 source

实际工作中一般都是将 Kafka 作为 Flink 的 source 来使用。

（1）创建 Kafka 的 topic

安装并启动 kafka 集群，然后在 node01 服务器上执行以下命令创建 Kafka 的 topic 为 test。

```
cd /kkb install/kafka_2.11-1.1.0
bin/kafka-topics.sh --create --partitions 3 --topic test --replication-factor
1 --zookeeper node01:2181,node02:2181,node03:2181
```

（2）代码实现

```scala
import java.util.Properties

import org.apache.flink.api.common.serialization.SimpleStringSchema
import org.apache.flink.contrib.streaming.state.RocksDBStateBackend
import org.apache.flink.streaming.api.scala.{DataStream, StreamExecutionEnvironment}
import org.apache.flink.streaming.connectors.kafka.FlinkKafkaConsumer011

object FlinkKafkaSource {
  def main(args: Array[String]): Unit = {
    //获取程序的入口类以及隐式转换包
    val environment: StreamExecutionEnvironment = StreamExecutionEnvironment.getExecutionEnvironment
    import org.apache.flink.streaming.api.CheckpointingMode
    import org.apache.flink.streaming.api.environment.CheckpointConfig
    //checkpoint 配置
    environment.enableCheckpointing(100)
    environment.getCheckpointConfig.setCheckpointingMode(CheckpointingMode.EXACTLY_ONCE)
    environment.getCheckpointConfig.setMinPauseBetweenCheckpoints(500)
    environment.getCheckpointConfig.setCheckpointTimeout(60000)
    environment.getCheckpointConfig.setMaxConcurrentCheckpoints(1)
    environment.getCheckpointConfig.enableExternalizedCheckpoints (CheckpointConfig.ExternalizedCheckpointCleanup.RETAIN_ON_CANCELLATION)
    //将 checkpoint 保存到文件系统,将数据保存到文件系统
    // environment.setStateBackend(new FsStateBackend("hdfs://node01:8020/flink_state_save"))

    //将数据情况保存到 RocksDB
    environment.setStateBackend(new RocksDBStateBackend("hdfs://node01:8020/flink_save_checkPoint/checkDir",true))
    import org.apache.flink.api.scala._
    val  kafaTopic:String = "test"

    val prop = new Properties()
    prop.setProperty("bootstrap.servers", "node01:9092")
    prop.setProperty("group.id", "con1")
    prop.setProperty("key.deserializer", "org.apache.kafka.common.serialization.StringDeserializer")
    prop.setProperty("value.deserializer", "org.apache.kafka.common.serialization.StringDeserializer")
```

```
    //创建 Kafka 的 source
    val kafkaSource = new FlinkKafkaConsumer011[String](kafaTopic,new Simple-
StringSchema(),prop)
    //获取 Kafka 中的数据
    val sourceStream: DataStream[String] = environment.addSource(kafkaSource)
    sourceStream.print()
    environment.execute()
  }
}
```

（3）Kafka 生产数据

在 node01 上执行以下命令，通过 shell 命令行来生产数据到 Kafka 中。

```
cd /kkb/install/kafka_2.11-1.1.0
bin/kafka-console-producer.sh --broker-list node01:9092,node02:9092,node03:
9092 --topic  test
```

3.6.3　将 Kafka 作为 Flink 的 sink

也可以将 Kafka 作为 Flink 的 sink 来使用，即将 Flink 处理完成之后的数据写入
Kafka 中。

（1）代码实现

```
import java.util.Properties

import org.apache.flink.streaming.api.scala.{DataStream, StreamExecutionEn-
vironment}
import org.apache.flink.streaming.connectors.kafka.FlinkKafkaProducer011
import org.apache.flink.streaming.connectors.kafka.internals. KeyedSerial-
izationSchemaWrapper
import org.apache.flink.streaming.util.serialization.SimpleStringSchema

object FlinkKafkaSink {
  def main(args: Array[String]): Unit = {
    val environment: StreamExecutionEnvironment = StreamExecutionEnvironment.
getExecutionEnvironment


    import org.apache.flink.contrib.streaming.state.RocksDBStateBackend
    import org.apache.flink.streaming.api.CheckpointingMode
    import org.apache.flink.streaming.api.environment.CheckpointConfig
    //checkpoint 配置
```

```
    environment.enableCheckpointing(5000)
environment.getCheckpointConfig.setCheckpointingMode(CheckpointingMode.
EXACTLY_ONCE)
    environment.getCheckpointConfig.setMinPauseBetweenCheckpoints(500)
    environment.getCheckpointConfig.setCheckpointTimeout(60000)
    environment.getCheckpointConfig.setMaxConcurrentCheckpoints(1)
environment.getCheckpointConfig.enableExternalizedCheckpoints  (Checkpoint-
Config.ExternalizedCheckpointCleanup.RETAIN_ON_CANCELLATION)
    //设置 StateBackend
    environment.setStateBackend(new RocksDBStateBackend("hdfs://node01:8020 /
flink_kafka_sink/checkpoints", true))

    val sourceStream: DataStream [String] = environment.socketTextStream
("node01",9000)

    /**
      * topicId: String, serializationSchema: SerializationSchema [IN], pro-
ducerConfig: Properties
      */
    val prop = new Properties()
    prop.setProperty("bootstrap.servers", "node01:9092")
    prop.setProperty("group.id", "kafka_group1")
    //设置 FlinkKafkaProducer011 里面的事务超时时间
    prop.setProperty("transaction.timeout.ms", 60000 * 15 + "")
    val kafkaSink = new FlinkKafkaProducer011[String]("test",new KeyedSerial-
izationSchemaWrapper(new SimpleStringSchema()),prop)
    //将数据写入 Kafka
    sourceStream.addSink(kafkaSink)
    environment.execute()
  }
}
```

（2）启动 Socket 服务发送数据

在 node01 上执行以下命令，发送数据到 Socket 服务中。

```
nc -lk  9000
```

（3）启动 Kafka 消费者

在 node01 上执行以下命令，启动 Kafka 消费者、消费数据。

```
bin/kafka-console-consumer.sh --bootstrap-server node01:9092,node02:9092 --
topic test
```

3.7　本章小结

　　本章主要介绍了 Flink 中的流式（实时）数据处理，通过对数据源以及各种算子的使用，让大家对 Flink 中的流式数据处理有了基本的概念，配合 Flink 中 window 以及 watermark 的特性，实现了数据聚合，解决了数据延迟问题。

第 4 章

Flink 批量处理之 DataSet

Flink 不仅支持流式（实时）处理，而且支持批量处理，其中，批量处理也可以看作流式处理的一个特殊情况，只不过这种流式处理的时间间隔比较长，如一天处理一次。

4.1 DataSet 的内置数据源

对于批量处理，Flink 支持很多种数据源的处理，如基于文件的数据源处理、基于集合的数据源处理以及通用数据源处理等。

基于文件的数据源处理相关的方法和类如下。

- readTextFile(path)/TextInputFormat ( )：逐行读取文件并将其作为字符串（String）返回。
- readTextFileWithValue (path)/TextValueInputFormat：逐行读取文件并将其作为 StringValue 返回。StringValue 是 Flink 对 String 的封装，可变、可序列化，能在一定程度上提高性能。
- readCsvFile(path)/CsvInputFormat：解析以逗号（或其他字符）分隔字段的文件，返回元组或 pojo。
- readFileOfPrimitives (path，Class)/PrimitiveInputFormat、readFileOfPrimitives (path，delimiter，Class)/PrimitiveInputFormat：与 readCsvFile ( )类似，只不过以原生类型返回而不是 Tuple。
- readSequenceFile(Key，Value，path)/SequenceFileInputFormat：读取 SequenceFile，以 Tuple2<Key，Value>返回。

基于集合的数据源处理相关的方法如下。

- fromCollection(Collection)。
- fromCollection(Iterator，Class)。
- fromElements( )。
- fromParallelCollection(SplittableIterator，Class)。
- generateSequence(from，to)。

通用数据源处理相关的方法和类如下。

- readFile(inputFormat，path)/FileInputFormat。
- createInput(inputFormat)/InputFormat。

4.1.1 文件数据源

下面是一个基于文件的数据源代码示例，除了读取一个文件的内容外，也可以使用参数来对多级文件夹进行递归处理。

```scala
import org.apache.flink.api.scala.{AggregateDataSet,DataSet,ExecutionEnvironment}
object BatchOperate {
  def main(args: Array[String]): Unit = {
    val inputPath = "D:\\count.txt"
    val outPut = "D:\\data\\result2"
```

```scala
val configuration: Configuration = new Configuration()
configuration.setBoolean("recursive.file.enumeration",true)

    //获取程序入口类 ExecutionEnvironment
    val env = ExecutionEnvironment.getExecutionEnvironment
    val text = env.readTextFile(inputPath).withParameters(configuration)

    //引入隐式转换
    import org.apache.flink.api.scala._
    val value: AggregateDataSet[(String, Int)] = text.flatMap(x => x.split(" "))
.map(x =>(x,1)).groupBy(0).sum(1)
    value.writeAsText("d:\\datas\\result.txt").setParallelism(1)
    env.execute("batch word count")
  }
}
```

4.1.2 集合数据源

DataSet 也可以从集合中获取数据，然后进行处理。

```scala
import org.apache.flink.api.scala.ExecutionEnvironment

object DataSetSource {
  def main(args: Array[String]): Unit = {
    //获取批量处理程序入口类 ExecutionEnvironment
    val environment: ExecutionEnvironment = ExecutionEnvironment.
getExecutionEnvironment

    import org.apache.flink.api.scala._
    //从集合当中创建 DataSet
    val myArray = Array("hello world","spark flink")
    val collectionSet: DataSet[String] = environment.fromCollection(myArray)
    val result: AggregateDataSet[(String, Int)] = collectionSet.flatMap(x =>
x.split(" ")).map(x =>(x,1)).groupBy(0).sum(1)
    result.setParallelism(1).print()
    //result.writeAsText("c:\\HELLO.TXT")
    environment.execute()
  }

}
```

4.2　DataSet 常用算子

DataSet 中的方法也称为算子，DataSet 中的算子有很多，不同的算子可以实现不同的功能，如果想了解所有的算子，可以参考 Flink 官网对算子的介绍：https://ci. apache. org/projects/flink/flink-docs-master/dev/batch/dataset_transformations. html。

4.2.1　transformation 算子

DataSet 中的 transformation 算子可以对一个 DataSet 进行转换，DataSet 提供了很多 transformation 算子，通过这些算子可以实现非常强大的功能。下面介绍一下常见的 transformation 算子。

- map：输入一个元素，然后返回一个元素，中间可以做清洗、转换等操作。
- flatMap：输入一个元素，可以返回零个、一个或者多个元素。
- mapPartition：类似于 map，一次处理一个分区的数据（如果在进行 map 处理时需要获取第三方资源链接，建议使用 mapPartition）。
- filter：过滤函数，对传入的数据进行判断，符合条件的数据会被留下。
- reduce：对数据进行聚合操作，结合当前元素和上一次 reduce 返回的值进行聚合操作，然后返回一个新的值。
- aggregate：sum( )、max( )、min( )等。
- distinct：返回一个数据集中去重之后的元素。
- join：内连接。
- outerJoin：外连接。

接下来通过具体代码来认识这些算子。

（1）使用 mapPartition 将数据保存到数据库

1）导入 MySQL 的 jar 包坐标。

```
<dependency>
    <groupId>mysql</groupId>
    <artifactId>mysql-connector-java</artifactId>
    <version>5.1.38</version>
</dependency>
```

2）创建 MySQL 数据库以及数据库表。

```
/ * !40101 SET NAMES utf8 * /;

/ * !40101 SET SQL_MODE="" * /;

/ * !40014 SET @OLD_UNIQUE_CHECKS=@@UNIQUE_CHECKS, UNIQUE_CHECKS=0 * /;
```

```
/* !40014 SET @OLD_FOREIGN_KEY_CHECKS = @@FOREIGN_KEY_CHECKS, FOREIGN_KEY_
CHECKS = 0 */;
/* !40101 SET @OLD_SQL_MODE=@@SQL_MODE, SQL_MODE='NO_AUTO_VALUE_ON_ZERO' */;
/* !40111 SET @OLD_SQL_NOTES=@@SQL_NOTES, SQL_NOTES=0 */;
CREATE DATABASE /* !32312 IF NOT EXISTS */`flink_db`/* !40100 DEFAULT CHARACTER
SET utf8 */;

USE `flink_db`;

/* Table structure for table `user` */

DROP TABLE IF EXISTS `user`;

CREATE TABLE `user`(
  `id`int(10) NOT NULL AUTO_INCREMENT,
  `name`varchar(32) DEFAULT NULL,
  PRIMARY KEY (`id`)
) ENGINE=InnoDB AUTO_INCREMENT=4 DEFAULT CHARSET=utf8;
```

3）代码实现。

```scala
import java.sql.PreparedStatement

import org.apache.flink.api.scala.ExecutionEnvironment
object MapPartition2MySql {
  def main(args: Array[String]): Unit = {
    val environment: ExecutionEnvironment = ExecutionEnvironment.
getExecutionEnvironment
    import org.apache.flink.api.scala._

    val sourceDataset: DataSet[String] = environment.fromElements("1 zhang-
san","2 lisi","3 wangwu")
    sourceDataset.mapPartition(part => {
      Class.forName("com.mysql.jdbc.Driver").newInstance()
      val conn = java.sql.DriverManager.getConnection("jdbc:mysql://localhost:
3306/flink_db", "root", "123456")
      part.map(x => {
        val statement: PreparedStatement = conn.prepareStatement("insert into
user (id,name) values(?,?)")
        statement.setInt(1, x.split(" ")(0).toInt)
        statement.setString(2, x.split(" ")(1))
        statement.execute()
      })
```

```scala
    }).print()
    environment.execute()


  }
}
```

（2）连接操作

左外连接、右外连接、满外连接等算子的操作可以实现对两个 DataSet 的连接操作，以下代码实现按照指定的条件进行连接。

```scala
import org.apache.flink.api.scala.ExecutionEnvironment

import scala.collection.mutable.ListBuffer

object BatchDemoOuterJoinScala {

  def main(args: Array[String]): Unit = {

    val env = ExecutionEnvironment.getExecutionEnvironment
    import org.apache.flink.api.scala._

    val data1 = ListBuffer[Tuple2[Int,String]]()
    data1.append((1,"zs"))
    data1.append((2,"ls"))
    data1.append((3,"ww"))


    val data2 = ListBuffer[Tuple2[Int,String]]()
    data2.append((1,"beijing"))
    data2.append((2,"shanghai"))
    data2.append((4,"guangzhou"))

    val text1 = env.fromCollection(data1)
    val text2 = env.fromCollection(data2)

    text1.leftOuterJoin(text2).where(0).equalTo(0).apply((first,second)=>{
      if(second==null){
        (first._1,first._2,"null")
      }else{
        (first._1,first._2,second._2)
      }
    }).print()
```

```
    println("===============================")

    text1.rightOuterJoin(text2).where(0).equalTo(0).apply((first,second)=>{
      if(first==null){
        (second._1,"null",second._2)
      }else{
        (first._1,first._2,second._2)
      }
    }).print()

    println("===============================")

    text1.fullOuterJoin(text2).where(0).equalTo(0).apply((first,second)=>{
      if(first==null){
        (second._1,"null",second._2)
      }else if(second==null){
        (first._1,first._2,"null")
      }else{
        (first._1,first._2,second._2)
      }
    }).print()
  }
}
```

4.2.2　partition 算子

DataSet 中的 patition 算子可以对数据集进行重新分区，常用的 partition 算子如下。

- rebalance：对数据集进行再平衡、重分区，消除数据倾斜。
- hashPartition：根据指定 key 的哈希值对数据集进行分区。
- rangePartition：根据指定的 key 对数据集进行范围分区。
- customPartitioning：自定义分区规则；自定义分区需要实现 Partitioner 接口。
- partitionCustom(partitioner, "someKey")或者 partitionCustom(partitioner, 0)。

下面是一个简单的 partition 算子代码示例。

```
import org.apache.flink.api.scala.ExecutionEnvironment

object FlinkPartition {
  def main(args: Array[String]): Unit = {
    val environment: ExecutionEnvironment = ExecutionEnvironment.
getExecutionEnvironment
    environment.setParallelism(2)
```

```scala
    import org.apache.flink.api.scala._
     val sourceDataSet: DataSet[String] = environment.fromElements("hello
world","spark flink","hive sqoop")
    val filterSet: DataSet[String] = sourceDataSet.filter(x => x.contains("
hello"))
      .rebalance()
    filterSet.print()
    environment.execute()
  }
}
```

再来进行自定义分区实现数据分区操作。

1）自定义分区类。

```scala
import org.apache.flink.api.common.functions.Partitioner

class MyPartitioner2 extends Partitioner[String]{
  override def partition(word: String, num: Int): Int = {
    println("分区个数为" + num)
    if(word.contains("hello")){
      println("0 号分区")
      0
    }else{
      println("1 号分区")
      1
    }
  }
}
```

2）使用自定义分区类实现分区。

```scala
import org.apache.flink.api.scala.ExecutionEnvironment

object FlinkCustomerPartition {
  def main(args: Array[String]): Unit = {
    val environment: ExecutionEnvironment = ExecutionEnvironment.
getExecutionEnvironment
    //设置分区个数,如果不设置,则默认使用 CPU 核数作为分区个数
    environment.setParallelism(2)
    import org.apache.flink.api.scala._
    //获取 DataSet
     val sourceDataSet: DataSet[String] = environment.fromElements("hello
world","spark flink","hello world","hive hadoop")
```

```scala
    val result: DataSet[String] = sourceDataSet.partitionCustom(new MyParti-
tioner2,x => x + "")
    val value: DataSet[String] = result.map(x => {
      println("数据的 key 为" + x + "线程为" + Thread.currentThread().getId)
      x
    })
    value.print()
    environment.execute()
  }
}
```

4.2.3　sink 算子

前面已经介绍了 Flink 中的 transformation 算子和 partition 算子，接下来一起看一下 Flink 中的 sink 算子。sink 算子主要用于数据保存，其常用的方法和类如下。

- writeAsText( )/TextOutputFormat：以字符串的形式逐行写入元素。字符串是通过调用每个元素的 toString( ) 方法获得的。
- writeAsFormattedText( )/TextOutputFormat：以字符串的形式逐行写入元素。字符串是通过为每个元素调用用户定义的 format( ) 方法获得的。
- writeAsCsv( )/CsvOutputFormat：将元组写入以逗号分隔的文件。行和字段的分隔符是可配置的。每个字段的值来自对象的 toString( ) 方法。
- print( )/printToErr( )/print(String msg)/printToErr(String msg)：打印标准输出/标准错误流上每个元素的 toString( ) 值。可以提供前缀 msg（可选项），其前缀为输出。这有助于区分不同的打印调用。如果并行度大于 1，则输出也将以生成输出的任务标识符为前缀。
- write( )/FileOutputFormat。
- output( )/ OutputFormat：通用的输出方法，用于不基于文件的数据接收器（比如将结果存储在数据库中）。

4.3　DataSet 的参数传递

在 DataSet 代码中经常用到一些参数，开发人员可以通过构造器方式、withParameters( ) 方法或者 ExecutionConfig 来进行参数传递。

（1）使用构造器来传递参数

```scala
import org.apache.flink.api.common.functions.FilterFunction
import org.apache.flink.api.scala.ExecutionEnvironment


object FlinkParameter {
```

```scala
  def main(args: Array[String]): Unit = {
    val env=ExecutionEnvironment.getExecutionEnvironment
    import org.apache.flink.api.scala._
    val sourceSet: DataSet[String] = env.fromElements("hello world","abc test")
    val filterSet: DataSet[String] = sourceSet.filter(new MyFilterFunction("
test"))
    filterSet.print()
    env.execute()
  }
}

class MyFilterFunction (parameter:String) extends FilterFunction[String]{
  override def filter(t: String): Boolean = {
    if(t.contains(parameter)){
      true
    }else{
      false
    }
  }
}
```

（2）使用 withParameter 来传递参数

```scala
import org.apache.flink.api.common.functions.{FilterFunction, RichFilter-
Function}
import org.apache.flink.api.scala.ExecutionEnvironment
import org.apache.flink.configuration.Configuration

object FlinkParameter {
  def main(args: Array[String]): Unit = {
    val env=ExecutionEnvironment.getExecutionEnvironment
    import org.apache.flink.api.scala._
    val sourceSet: DataSet[String] = env.fromElements("hello world","hello
flink")
    val configuration = new Configuration()
    configuration.setString("parameterKey","test")
    val filterSet: DataSet[String] = sourceSet.filter(new MyFilter).
withParameters(configuration)
    filterSet.print()
    env.execute()
  }
}
```

```scala
class MyFilter extends RichFilterFunction[String]{
  var value:String ="";
  override def open(parameters: Configuration): Unit = {
    value = parameters.getString("parameterKey","defaultValue")
  }
  override def filter(t: String): Boolean = {
    if(t.contains(value)){
      true
    }else{
      false
    }
  }
}
```

（3）全局参数传递（使用 ExecutionConfig）

```scala
import org.apache.flink.api.common.ExecutionConfig
import org.apache.flink.api.common.functions.RichFilterFunction
import org.apache.flink.api.scala.ExecutionEnvironment
import org.apache.flink.configuration.Configuration

object FlinkParameter {
  def main(args: Array[String]): Unit = {
    val configuration = new Configuration()
    configuration.setString("parameterKey","test")

    val env = ExecutionEnvironment.getExecutionEnvironment
    env.getConfig.setGlobalJobParameters(configuration)
    import org.apache.flink.api.scala._
    val sourceSet: DataSet[String] = env.fromElements("hello world","abc test")

    val filterSet: DataSet[String] = sourceSet.filter(new MyFilter)
    filterSet.print()
    env.execute()
  }
}
class MyFilter extends RichFilterFunction[String]{
  var value:String ="";
  override def open(parameters: Configuration): Unit = {
    val parameters: ExecutionConfig.GlobalJobParameters = getRuntimeContext.
getExecutionConfig.getGlobalJobParameters

    val globalConf:Configuration =  parameters.asInstanceOf[Configuration]
```

```
    value = globalConf.getString("parameterKey","test")
  }
  override def filter(t: String): Boolean = {
    if(t.contains(value)){
      true
    }else{
      false
    }
  }
}
```

4.4 DataSet 连接器

4.4.1 文件系统连接器

为了从文件系统读取数据，Flink 内置了对以下文件系统的支持，见表 4-1。

表 4-1 Flink 内置的文件系统支持

文 件 系 统	Schema	备注
HDFS	hdfs://	HDFS 文件系统
S3	s3://	通过 Hadoop 文件系统实现支持
MapR	maprfs://	需要用户添加 jar 包
Alluxio	alluxio://	通过 Hadoop 文件系统实现支持

注意：

Flink 允许用户使用实现 org. apache. hadoop. fs. FileSystem 接口的任何文件系统，如 S3、Google Cloud Storage Connector for Hadoop、Alluxio、XtreemFS、FTP 等各种文件系统。Flink 与 Apache Hadoop MapReduce 接口兼容，因此允许重用 Hadoop MapReduce 实现的代码：

- 使用 Hadoop Writable data type。
- 使用任何 Hadoop InputFormat 作为 DataSource（Flink 内置 HadoopInputFormat）。
- 使用任何 Hadoop OutputFormat 作为 DataSink（Flink 内置 HadoopOutputFormat）。
- 使用 Hadoop Mapper 作为 FlatMapFunction。
- 使用 Hadoop Reducer 作为 GroupReduceFunction。

4.4.2 Flink 集成 HBase 之数据读取

Flink 也可以直接与 HBase 进行集成，将 HBase 作为 Flink 的 source 和 sink 等。

（1）创建 HBase 表并插入数据

```
create 'hbasesource','f1'
put 'hbasesource','0001','f1:name','zhangsan'
put 'hbasesource','0002','f1:age','18'
```

（2）导入和整合 jar 包

```xml
<dependency>
    <groupId>org.apache.flink</groupId>
    <artifactId>flink-hadoop-compatibility_2.11</artifactId>
    <version>1.8.1</version>
</dependency>
<dependency>
    <groupId>org.apache.flink</groupId>
    <artifactId>flink-shaded-hadoop2</artifactId>
<!--暂时没有1.8.1这个版本 -->
    <version>1.7.2</version>
</dependency>
<dependency>
    <groupId>org.apache.flink</groupId>
    <artifactId>flink-hbase_2.11</artifactId>
    <version>1.8.1</version>
</dependency>
<dependency>
    <groupId>org.apache.hbase</groupId>
    <artifactId>hbase-client</artifactId>
    <version>1.2.0-cdh5.14.2</version>
</dependency>


<dependency>
    <groupId>org.apache.hbase</groupId>
    <artifactId>hbase-server</artifactId>
    <version>1.2.0-cdh5.14.2</version>
</dependency>
```

（3）Flink 集成 HBase 读取 HBase 数据

```scala
import org.apache.flink.addons.hbase.TableInputFormat
import org.apache.flink.api.java.tuple
import org.apache.flink.api.scala.ExecutionEnvironment
import org.apache.flink.configuration.Configuration
import org.apache.hadoop.hbase.client._
import org.apache.hadoop.hbase.util.Bytes
import org.apache.hadoop.hbase.{Cell, HBaseConfiguration, HConstants, TableName}
```

```
object FlinkReadHBase {
  def main(args: Array[String]): Unit = {
    val environment: ExecutionEnvironment = ExecutionEnvironment.
getExecutionEnvironment

    import org.apache.flink.api.scala._

    val hbaseData: DataSet[tuple.Tuple2[String, String]] = environment.
createInput(new TableInputFormat[tuple.Tuple2[String, String]] {
      override def configure(parameters: Configuration): Unit = {
        val conf = HBaseConfiguration.create();
        conf.set(HConstants.ZOOKEEPER_QUORUM, "node01,node02,node03")
        conf.set(HConstants.ZOOKEEPER_CLIENT_PORT, "2181")
        val conn: Connection = ConnectionFactory.createConnection(conf)
        table = classOf[HTable].cast(conn.getTable(TableName.valueOf("hbase-
source")))
        scan = new Scan() {
          // setStartRow(Bytes.toBytes("1001"))
          // setStopRow(Bytes.toBytes("1004"))
          addFamily(Bytes.toBytes("f1"))
        }
      }
      override def getScanner: Scan = {
        scan
      }
      override def getTableName: String = {
        "hbasesource"
      }
      override def mapResultToTuple(result: Result): tuple.Tuple2[String,
String] = {
        val rowkey: String = Bytes.toString(result.getRow)
        val sb = new StringBuffer()
        for (cell: Cell <- result.rawCells()) {
          val value = Bytes.toString(cell.getValueArray, cell.getValueOffset,
cell.getValueLength)
          sb.append(value).append(",")
        }
        val valueString = sb.replace(sb.length() - 1, sb.length(), "").toString
        val tuple2 = new org.apache.flink.api.java.tuple.Tuple2[String, String]
        tuple2.setField(rowkey, 0)
        tuple2.setField(valueString, 1)
```

```
          tuple2
      }

  })
  hbaseData.print()
  environment.execute()
 }
}
```

4.4.3　Flink 读取数据写入 HBase

Flink 也可以将数据写入 HBase，其实现方式有两种。

1）实现 OutputFormat 接口。

2）继承 RichSinkFunction，重写父类方法。

示例代码如下。

```scala
import java.util
import org.apache.flink.api.common.io.OutputFormat
import org.apache.flink.api.scala.{ExecutionEnvironment}
import org.apache.flink.configuration.Configuration
import org.apache.hadoop.hbase.{HBaseConfiguration, HConstants, TableName}
import org.apache.hadoop.hbase.client._
import org.apache.hadoop.hbase.util.Bytes

object FlinkWriteHBase {
  def main(args: Array[String]): Unit = {
    val environment: ExecutionEnvironment = ExecutionEnvironment.
getExecutionEnvironment
    import org.apache.flink.api.scala._
    val sourceDataSet: DataSet[String] = environment.fromElements("01,zhangsan,
28","02,lisi,30")
    sourceDataSet.output(new HBaseOutputFormat)
    environment.execute()
  }
}

class HBaseOutputFormat extends OutputFormat[String]{
  val zkServer = "node01"
  val port = "2181"
  var conn: Connection = null

  override def configure(configuration: Configuration): Unit = {
```

```scala
  }

  override def open(i: Int, i1: Int): Unit = {
    val config: org.apache.hadoop.conf.Configuration = HBaseConfiguration. cre-
ate
    config.set(HConstants.ZOOKEEPER_QUORUM, zkServer)
    config.set(HConstants.ZOOKEEPER_CLIENT_PORT, port)
    config.setInt(HConstants.HBASE_CLIENT_OPERATION_TIMEOUT, 30000)
    config.setInt(HConstants.HBASE_CLIENT_SCANNER_TIMEOUT_PERIOD, 30000)
    conn = ConnectionFactory.createConnection(config)
  }

  override def writeRecord(it: String): Unit = {
    val tableName: TableName = TableName.valueOf("hbasesource")
    val cf1 = "f1"
    val array: Array[String] = it.split(",")
    val put: Put = new Put(Bytes.toBytes(array(0)))
    put.addColumn(Bytes.toBytes(cf1), Bytes.toBytes("name"), Bytes.toBytes(ar-
ray(1)))
     put.addColumn(Bytes.toBytes(cf1), Bytes.toBytes("age"), Bytes.toBytes
(array(2)))
    val putList: util.ArrayList[Put] = new util.ArrayList[Put]
    putList.add(put)
    //设置缓存1 mB,当达到1 mB时数据会自动刷到HBase
    val params: BufferedMutatorParams = new BufferedMutatorParams(tableName)
    //设置缓存的大小
    params.writeBufferSize(1024 * 1024)
    val mutator: BufferedMutator = conn.getBufferedMutator(params)
    mutator.mutate(putList)
    mutator.flush()
    putList.clear()
  }
  override def close(): Unit = {
    if(null != conn){
      conn.close()
    }
  }
}
```

4.5　广播变量、累加器与分布式缓存

类似于 MapReduce 以及 Spark，Flink 中也有广播变量、累加器、计数器以及分布式缓存的功能，开发人员可以通过广播变量将某些只读的数据进行广播，让每一个算子都能收到同一份数据，累加器可以用于全局的累加功能，计数器可以用于实现全局的计数功能，分布式缓存可以将某些需要缓存的数据分发到服务器的各个节点上。

4.5.1　广播变量

广播变量主要分为两种：DataStream 中的广播变量和 DataSet 中的广播变量。广播变量可以理解为一个共享变量，开发人员可以把一个 DataSet 数据广播出去。

（1）DataStream 中的广播变量

将数据广播给所有的分区，数据可能会被重复处理，所以一般用于某些公共配置信息的读取，不会涉及数据更改。

以下代码实现将公共数据广播到所有分区。

```scala
import org.apache.flink.streaming.api.scala.{DataStream, StreamExecutionEnvironment}

object FlinkBroadCast {
  def main(args: Array[String]): Unit = {
    val environment: StreamExecutionEnvironment = StreamExecutionEnvironment.getExecutionEnvironment
    environment.setParallelism(4)
    import org.apache.flink.api.scala._
    val result: DataStream[String] = environment.fromElements("hello").setParallelism(1)
    val resultValue: DataStream[String] = result.broadcast.map(x => {
      println(x)
      x
    })
    resultValue.print()
    environment.execute()
  }
}
```

（2）DataSet 中的广播变量

广播变量允许开发人员在每台机器上保持一个只读的缓存变量，而不是传送变量的副本给 Task。广播变量创建后，它可以运行在集群中的任何函数上，而不需要多次传递给集群节点。另外，不应该修改广播变量，这样才能确保每个节点获取到的值都是一致的。如

果不使用广播，则在每个节点中的每个 Task 中都需要保存一份 DataSet 数据，比较浪费内存（也就是一个节点中可能存在多份 DataSet 数据）。

广播变量用法如下。

1）初始化数据。

```
DataSet<Integer> toBroadcast = env.fromElements(1, 2, 3)
```

2）广播数据。

```
.withBroadcastSet(toBroadcast, "broadcastSetName");
```

3）获取数据。

```
Collection<Integer> broadcastSet = getRuntimeContext().getBroadcastVariable
("broadcastSetName");
```

注意：

广播出去的变量存在于每个节点的内存中，而且会常驻内存，除非程序执行结束，所以这个数据集不能太大。

广播变量在初始化广播出去以后不支持修改，这样才能保证每个节点的数据都是一致的。

（3）广播变量案例

功能需求：求取订单对应的商品，将订单和商品数据合并成为一条数据。

数据格式参见本书源文件中的 orders. txt 以及 product. txt，商品表中的第 1 个字段表示商品 id，订单表中的第 3 个字段表示商品 id，字段之间都是使用逗号进行切割。使用广播变量将商品数据广播到每一个节点，然后通过订单数据进行拼接即可。

代码如下。

```
import java.util
import org.apache.flink.api.common.functions.RichMapFunction
import org.apache.flink.api.scala.ExecutionEnvironment
import org.apache.flink.configuration.Configuration
import scala.collection.mutable

object FlinkDataSetBroadCast {
  def main(args: Array[String]): Unit = {
    val environment: ExecutionEnvironment = ExecutionEnvironment.
getExecutionEnvironment
    import org.apache.flink.api.scala._
    val productData: DataSet[String] = environment.readTextFile("file:///D:\\
课程资料\\Flink 实时数仓\\订单与商品表\\product.txt")
    val productMap = new mutable.HashMap[String,String]()

    val prouctMapSet: DataSet[mutable.HashMap[String, String]] = productDa-
ta.map(x => {
```

```scala
      val strings: Array[String] = x.split(",")
      productMap.put(strings(0), x)
      productMap
    })


    //获取商品数据
    val ordersDataset: DataSet[String] = environment.readTextFile("file:///D:\
\课程资料\\Flink 实时数仓\\订单与商品表\\orders.txt")


    //将商品数据转换成为 map 结构,key 为商品 id,value 为　一行数据
    val resultLine: DataSet[String] = ordersDataset.map(new RichMapFunction
[String, String] {
      var listData: util.List[Map[String, String]] = null
      var allMap = Map[String, String]()


      override def open(parameters: Configuration): Unit = {
        this.listData = getRuntimeContext.getBroadcastVariable[Map[String,
String]]("productBroadCast")
        val listResult: util.Iterator[Map[String, String]] = listData.iterator()
        while (listResult.hasNext) {
          allMap =  allMap.++(listResult.next())
        }
      }


      //将获取的订单数据与商品数据进行拼接
      override def map(eachOrder: String): String = {
        val str: String = allMap.getOrElse(eachOrder.split(",")(2),"暂时没有值")
        eachOrder + ","+str
      }
    }).withBroadcastSet(prouctMapSet, "productBroadCast")
    resultLine.print()
    environment.execute("broadCastJoin")
  }
}
```

4.5.2　累加器

累加器（accumulator）使用起来非常简单，通过 add 操作在 Job 执行后即可得到最终的结果。最简单的累加器是计数器（counter）：可以通过 Accumulator. add()这个方法进行递增。在任务的最后，Flink 会把所有的结果进行合并，然后把最终结果发送到客户端。累加器在调试时或者需要更快了解数据时是非常有用的。Flink 中有一些内置累加器，每个累加器都实现了 Accumulator 接口。

下面是一个累加器应用案例。

功能需求：统计 Tomcat 日志中 exception 关键字出现了多少次。

代码如下。

```scala
import org.apache.flink.api.common.accumulators.LongCounter
import org.apache.flink.api.common.functions.RichMapFunction
import org.apache.flink.api.scala.ExecutionEnvironment
import org.apache.flink.configuration.Configuration

object FlinkCounterAndAccumulator {

  def main(args: Array[String]): Unit = {
    val env = ExecutionEnvironment.getExecutionEnvironment
    import org.apache.flink.api.scala._
    //统计 Tomcat 日志当中 exception 关键字出现了多少次
    val sourceDataSet: DataSet[String] = env.readTextFile("file:///D:\\课程资料\\Flink实时数仓\\catalina.out")

    sourceDataSet.map(new RichMapFunction[String,String] {

      var counter = new LongCounter()

      override def open(parameters: Configuration): Unit = {
        getRuntimeContext.addAccumulator("my-accumulator",counter)
      }
      override def map(value: String): String = {
        if(value.toLowerCase().contains("exception")){
          counter.add(1)

        }
        value
      }
    }).setParallelism(4).writeAsText("c:\\t4")

    val job = env.execute()
    //获取累加器,并打印累加器的值
    val a = job.getAccumulatorResult[Long]("my-accumulator")
    println(a)
  }
}
```

4.5.3 分布式缓存

Flink 提供了一个分布式缓存（DistributedCache），类似于 Hadoop，这可以使用户在并行函数中很方便地读取本地文件。此缓存的工作机制如下：程序注册一个文件或者目录（本地或者远程文件系统，如 HDFS 或者 S3），通过 ExecutionEnvironment 注册缓存文件并为它起一个名字；当程序执行时，Flink 自动将文件或者目录复制到所有 TaskManager 节点的本地文件系统，用户可以通过这个指定的名字查找文件或者目录，然后从 TaskManager 节点的本地文件系统访问它。

用法如下。

（1）注册一个文件

```
env.registerCachedFile("hdfs:///path/to/your/file", "hdfsFile")
```

（2）访问数据

```
File myFile = getRuntimeContext().getDistributedCache().getFile("hdfsFile");
```

代码示例如下。

```scala
import org.apache.commons.io.FileUtils
import org.apache.flink.api.common.functions.RichMapFunction
import org.apache.flink.api.scala.ExecutionEnvironment
import org.apache.flink.configuration.Configuration


object FlinkDistributedCache {
  def main(args: Array[String]): Unit = {
    //将缓存文件放到每台服务器的本地磁盘进行存储,需要获取时直接从本地磁盘文件进行获取
    val env = ExecutionEnvironment.getExecutionEnvironment
    import org.apache.flink.api.scala._
    //注册分布式缓存文件
    env.registerCachedFile("D:\\课程资料\\Flink实时数仓\\advert.csv","advert")
    val data = env.fromElements("hello","flink","spark","dataset")
    val result = data.map(new RichMapFunction[String,String] {

      override def open(parameters: Configuration): Unit = {
        super.open(parameters)
        val myFile = getRuntimeContext.getDistributedCache.getFile("advert")
        val lines = FileUtils.readLines(myFile)
        val it = lines.iterator()
        while (it.hasNext){
          val line = it.next();
          println("line:"+line)
        }
```

```
    }
    override def map(value: String) = {
      value
    }
  }).setParallelism(2)
  result.print()
  env.execute()
  }
}
```

4.6　本章小结

　　本章主要介绍了 Flink 中的批量处理。Flink 不仅在实时处理方面表现出众，在批量处理方面也十分强大，并且 Flink 将批量处理作为实时处理的一种，可以非常方便地实现实时处理和批量处理的统一，真正做到了一站式编程实现两种数据处理。

第5章

Flink 的 Table 与 SQL

在 Flink 批量和实时处理的上一层，就是 Flink 非常著名的 Table 以及 SQL 的编程开发。在 Flink 中，作者期望使用 Table 或者 SQL 这一层高级抽象的原语来实现统一的编程。下面一起来看一下 Table 以及 SQL 的编程方式。

5.1   Table 与 SQL 简介

Apache Flink 具有两个关系型 API：Table 和 SQL，用于统一流式（实时）和批量处理。Table API 是用于 Scala 和 Java 语言的查询 API，允许以非常直观的方式组合关系运算符进行查询，如 select、filter 和 join。Flink SQL 是基于实现了 SQL 标准的 Apache Calcite。无论输入是批量输入（DataSet）还是流式输入（DataStream），任一接口中指定的查询都具有相同的语义并指定相同的结果。

Table 和 SQL 接口彼此集成，Flink 的 DataStream 和 DataSet 亦是如此，因此开发人员可以轻松地在基于 API 构建的所有 API 和库之间进行切换。注意，到目前最新版本为止，Table 和 SQL 还有很多功能正在开发中，并非 [Table, SQL] 和 [stream, batch] 输入的每种组合都支持所有操作。

5.2   为什么需要 SQL

Table 是一种类 SQL 的关系型 API，用户可以像操作表一样操作数据，非常直观和方便。

SQL 是一种广泛使用的语言，如果一个引擎提供 SQL，它将很容易被人们接受，这已经是业界很常见的现象了。

Table 和 SQL 还有另一个职责，就是作为流式处理和批量处理统一的 API 层，如图 5-1 所示。

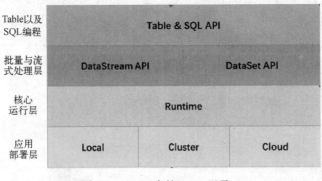

●图 5-1   Flink 中的 Table 以及 SQL

5.3   Table 与 SQL 的语法解析

Flink 中的 SQL 语法总体来说类似于常见的 MySQL 和 Oracle 的语法，不过在一些细节上还有些差别。接下来介绍一下 Flink 中的 SQL 语法。

用于批量处理和流式传输的所有 Table 和 SQL 程序都遵循相同的模式。以下代码示例展示了 Table 和 SQL 程序的通用结构。

```
//批量处理中用 ExecutionEnvironment 代替 StreamExecutionEnvironment
val env = StreamExecutionEnvironment. getExecutionEnvironment

//创建表环境
val tableEnv = StreamTableEnvironment. create( env)

//注册表
tableEnv. registerTable( "table1",...)         //或
tableEnv. registerTableSource( "table2",...)    //或
tableEnv. registerExternalCatalog( "extCat",...)
//注册输出表
tableEnv. registerTableSink( "outputTable",...);

//通过查询表创建新表(使用 Table)
val tapiResult = tableEnv. scan( "table1"). select(...)
//通过查询表创建新表(使用 SQL)
val sqlResult  = tableEnv. sqlQuery( "SELECT ... FROM table2 ...")

//emit a Table API result Table to a TableSink, same for SQL result
tapiResult. insertInto( "outputTable")

env. execute()
```

5.3.1 创建 TableEnvironment 对象

TableEnvironment 是 Table 和 SQL 集成的核心概念。它负责以下工作。

1）Table 在内部目录中注册。

2）注册外部目录。

3）执行 SQL 查询。

4）注册用户定义的（标量、表或聚合）函数。

5）将 DataStream 或 DataSet 转换为 Table。

一张表始终绑定到特定的 TableEnvironment。不可能在同一查询中组合具有不同 Table-Environment 的表，例如，将它们连接或合并。TableEnvironment 是通过调用静态方法 BatchTableEnvironment. create( ) 或 StreamTableEnvironment. create( ) 来创建的。StreamExecu-tionEnvironment 或 ExecutionEnvironment 通过可选的 TableConfig 进行配置，该 TableConfig 可用于 TableEnvironment 配置或定制查询优化和翻译过程。

示例代码如下。

```
import org.apache.flink.table.api.scala.StreamTableEnvironment

val sEnv = StreamExecutionEnvironment.getExecutionEnvironment
//创建流式查询的表环境
val sTableEnv = StreamTableEnvironment.create(sEnv)


// **********
//批量查询
// **********
import org.apache.flink.table.api.scala.BatchTableEnvironment

val bEnv = ExecutionEnvironment.getExecutionEnvironment
//创建批量查询的表环境
val bTableEnv = BatchTableEnvironment.create(bEnv)
```

5.3.2 注册表

每张表都会有一个 catalog（目录）信息，每次注册一张表，其实都会在 catalog 中注册相应的表信息。表主要有两种类型，输入表和输出表，可以在 Table 或者 SQL 查询中引用输入表并提供输入数据，然后在输出表中将查询结果发送给外部系统进行保存。

输入表可以从各种来源进行注册。

（1）注册表

将表注册到 TableEnvironment，可以通过以下方式。

```
val tableEnv = StreamTableEnvironment.create(env)

val projTable: Table = tableEnv.scan("X").select(...)
//注册表 "projectedX"
tableEnv.registerTable("projectedTable", projTable)
```

（2）注册数据源表

数据源表可以对外连接数据源，通过数据源表的注册就可以获取外部的数据源，例如对接 MySQL、Oracle、Kafka 和一些 CSV 文件中的数据。以下代码中注册了一张数据源表。

```
val tableEnv = StreamTableEnvironment.create(env)

val csvSource: TableSource = new CsvTableSource("/path/to/file",...)
注册表 "CsvTable"
tableEnv.registerTableSource("CsvTable", csvSource)
```

（3）注册数据保存表

从外部系统获取数据后，可以通过注册一张数据保存表将数据保存到某个位置，如 MySQL、Oracle 和某些文件。

```scala
val tableEnv = StreamTableEnvironment.create(env)
val csvSink: TableSink = new CsvTableSink("/path/to/file", ...)
val fieldNames: Array[String] = Array("a", "b", "c")
val fieldTypes: Array[TypeInformation[_]] = Array(Types.INT, Types.STRING,
Types.LONG)

注册表 "CsvSinkTable"
tableEnv.registerTableSink("CsvSinkTable", fieldNames, fieldTypes, csvSink)
```

5.3.3 查询表

Table 是用于 Scala 和 Java 的语言集成查询 API。与 SQL 相反，Table 查询未指定为字符串，而是以宿主语言逐步构成。

以下示例展示了一个简单的 Table 聚合查询。

```scala
val tableEnv = StreamTableEnvironment.create(env)

//注册和查看表
val orders = tableEnv.scan("Orders")
// compute revenue for all customers from France
val revenue = orders
.filter('cCountry === "FRANCE")
.groupBy('cID, 'cName)
.select('cID, 'cName, 'revenue.sum AS 'revSum)
```

与 Table 类似，可以直接通过 SQL 语句来实现对数据的查询，因为大多数人更加熟悉 SQL 语法，所以 Flink SQL 语法也比较容易上手，用起来也简单方便。

以下示例说明如何指定查询并返回结果 Table。

```scala
val tableEnv = StreamTableEnvironment.create(env)

//注册订单表

//计算所有法国顾客的订单金额
val revenue = tableEnv.sqlQuery("""
  |SELECT cID, cName, SUM(revenue) AS revSum
  |FROM Orders
  |WHERE cCountry = 'FRANCE'
  |GROUP BY cID, cName
  """.stripMargin)
```

下面的示例演示如何将指定的查询结果插入已注册的表中。

```
val tableEnv = StreamTableEnvironment. create( env)

//注册订单表
//注册金额输出表

//计算金额并将结果存入表
tableEnv. sqlUpdate( """
  |INSERT INTO RevenueFrance
  |SELECT cID, cName, SUM(revenue) AS revSum
  |FROM Orders
  |WHERE cCountry = 'FRANCE'
  |GROUP BY cID, cName
  """. stripMargin)
```

5.3.4 注册数据保存表

通过 Table 或者 SQL 的方式查询出来的数据可以通过注册一张数据下沉目的地表（Ta-bleSink），来实现数据结果的保存。TableSink 支持多种文件格式（如 CSV、Apache Parquet、Apache Avro）、存储系统（如 JDBC、Apache HBase、Apache Cassandra、Elasticsearch）和消息传递系统（如 Apache Kafka、RabbitMQ）

批量数据处理构建的表也只能写入 BatchTableSink，而流式处理的表需要使用 Append-StreamTableSink、RetractStreamTableSink 或 UpsertStreamTableSink 的方式，将数据进行保存到目的地。

以下示例演示了如何注册 TableSink。

```
val tableEnv = StreamTableEnvironment. create( env)

val sink: TableSink = new CsvTableSink( "/path/to/file", fieldDelim = "|")

//注册 TableSink
val fieldNames: Array[String] = Array( "a", "b", "c")
val fieldTypes: Array [TypeInformation] = Array ( Types. INT, Types. STRING,
Types. LONG)
tableEnv. registerTableSink( "CsvSinkTable", fieldNames, fieldTypes, sink)

//用 Table API 或 SQL 语句计算结果
val result: Table = ...

//将结果表信息,存入 TableSink
result. insertInto( "CsvSinkTable")

//执行
```

5.3.5　Table 与 SQL 的数据查询执行原理

Table 和 SQL 查询的输入将转换为 DataStream 或 DataSet 程序。查询在内部表示为逻辑查询计划,并分为两个阶段。

1) 优化逻辑计划。

2) 转换为 DataStream 或 DataSet 程序。

在以下情况下,将转换 Table 或 SQL 查询:

1) 将 Table 下沉到 TableSink,即 Table. insertInto() 被调用时。

2) 指定 SQL 更新查询,即 TableEnvironment. sqlUpdate() 被调用时。

将 Table 转换为 DataStream 或 DataSet 后,将像常规 DataStream 或 DataSet 程序一样处理 Table 或 SQL 查询,并调用 StreamExecutionEnvironment. execute ( ) 或 ExecutionEnvironment. execute()。

5.3.6　DataStream 与 DataSet 集成

Table 和 SQL 查询可以轻松地与 DataStream 和 DataSet 程序集成并嵌入其中。例如,可以查询外部表(如 RDBMS)进行一些预处理(如过滤、投影、聚合和与元数据连接),然后使用 DataStream 或 DataSet(以及在这些 API 之上构建的任何库,如 CEP 和 Gelly)。相反,也可以将 Table 或 SQL 查询应用于 DataStream 或 DataSet 程序的结果。

这个过程中可以通过 DataStream 或 DataSeta 与表之间的相互转换来实现交互。下面详细讲解如何完成这些转换。

(1) Scala 的隐式转换

使用 Scala 的方式实现 Flink 流式处理与批量处理的集成,需要导入隐式转换包:org. apache. flink. table. api. scala. _,除了导入 org. apache. flink. api. scala. _Scala DataStream API 的包外,还可以通过导入包来启用这些转换。

(2) 将 DataStream 或 DataSet 注册为表

DataStream 或者 DataSet 可以通过 TableEnvironment 注册为表,结果表的模式取决于已注册 DataStream 或 DataSet 的数据类型。

```
val tableEnv = StreamTableEnvironment. create( env)
val stream: DataStream[(Long , String)] = ...
tableEnv.registerDataStream( "myTable", stream)
tableEnv.registerDataStream("myTable2", stream, 'myLong, 'myString)
```

(3) 将 DataStream 或 DataSet 转换为表

除了注册 DataStream 或 DataSetin 之外,TableEnvironment 还可以将其直接转换为表。如果要在 Table API 查询中使用表,这将方便开发,大大提升开发效率。

```
//get TableEnvironment
//registration of a DataSet is equivalent
```

```
val tableEnv = StreamTableEnvironment.create(env)

val stream: DataStream[(Long , String)] = ...

//convert the DataStream into a Table with default fields '_1,'_2
val table1: Table = tableEnv.fromDataStream(stream)

//convert the DataStream into a Table with fields 'myLong, 'myString
val table2: Table = tableEnv.fromDataStream(stream, 'myLong, 'myString)
```

（4）将表转换为 DataStream 或 DataSet

表可以转换为 DataStream 或 DataSet，这样可以在 Table 或 SQL 查询的结果上运行自定义的 DataStream 或 DataSet 程序。

将表转换为 DataStream 或 DataSet 时，需要指定 DataStream 或 DataSet 的数据类型。最方便的转换类型通常是 Row。对不同选项的介绍如下。

- 行：字段按位置映射，可用于任意数量的字段，支持 null 值，没有类型安全的访问进行映射。
- POJO：字段按名称映射（POJO 字段必须命名为表字段），支持任意数量的字段，支持 null 值，类型安全访问。
- 案例类：字段按位置映射，不支持 null 值，类型安全访问。
- 元组：按位置映射字段，限制为 22（Scala）或 25（Java）字段，不支持 null 值，类型安全访问。
- 原子类型：表必须具有单个字段，不支持 null 值，类型安全访问。

将表转换为 DataStream 时，表的流查询结果将动态更新，即随着新记录到达查询的输入流发生变化，因此，这种动态查询转换成的内容需要对表的更新进行编码。

有两种将表转换为 DataStream 的模式。

- Append Mode：追加模式，在动态表仅通过 insert 进行修改的情况下才能使用此模式，即仅追加并且以前发出的结果从不更新。
- Retract Mode：任何情况都可以使用此模式。它使用标志进行编码 insert 和 delete。

表转换为 DataStream 的代码如下。

```
//get TableEnvironment.
//registration of a DataSet is equivalent
val tableEnv = StreamTableEnvironment.create(env)

//Table with two fields (String name, Integer age)
val table: Table = ...

//convert the Table into an append DataStream of Row
val dsRow: DataStream[Row] = tableEnv.toAppendStream[Row](table)
```

```
//convert the Table into an append DataStream of Tuple2[String, Int]
val dsTuple: DataStream[(String , Int)] dsTuple =
tableEnv. toAppendStream[(String , Int)]( table)


//convert the Table into a retract DataStream of Row.
//   A retract stream of type X is a DataStream[(Boolean, X)].
//   The boolean field indicates the type of the change.
//   True is INSERT, false is DELETE.
val retractStream: DataStream[(Boolean , Row)] = tableEnv. toRetractStream[Row]
( table)
```

表转换为 DataSet 的代码如下。

```
//get TableEnvironment
//registration of a DataSet is equivalent
val tableEnv = BatchTableEnvironment. create( env)


//Table with two fields (String name, Integer age)
val table: Table = ...


//convert the Table into a DataSet of Row
val dsRow: DataSet[Row] = tableEnv. toDataSet[Row]( table)


//convert the Table into a DataSet of Tuple2[String, Int]
val dsTuple: DataSet[(String , Int)] = tableEnv. toDataSet[(String , Int)]( table)
```

关于 DataStream、DataSet 与表的转换会在下一节进一步说明。

5.4　Table 与 SQL 编程开发

Flink 的 Table API 允许开发人员对流式处理以及批量处理都使用 SQL 语句的方式进行开发。只要 DataStream 或者 DataSet 可以转换为表，那么就可以方便地从各个地方获取数据，然后转换成表，通过 Table 或者 SQL API 来实现数据处理等。

Flink 的 Table 和 SQL API 可以连接到外部系统来读写批量处理表和流式处理表。TableSource 提供对外部系统（如数据库、键值存储、消息队列和文件系统）中数据的访问。TableSink 将表发送到外部存储系统。图 5-2 所示显示了 Flink 中的 Table 以及 SQL 编程整合包。官网介绍：https://ci. apache. org/projects/flink/flink - docs - release - 1. 8/dev/table/。

Connectors

Name	Version	Maven dependency	SQL Client JAR
Filesystem		Built-in	Built-in
Elasticsearch	6	flink-connector-elasticsearch6	Download
Apache Kafka	0.8	flink-connector-kafka-0.8	Not available
Apache Kafka	0.9	flink-connector-kafka-0.9	Download
Apache Kafka	0.10	flink-connector-kafka-0.10	Download
Apache Kafka	0.11	flink-connector-kafka-0.11	Download
Apache Kafka	0.11+ (universal)	flink-connector-kafka	Download

Formats

Name	Maven dependency	SQL Client JAR
Old CSV (for files)	Built-in	Built-in
CSV (for Kafka)	flink-csv	Download
JSON	flink-json	Download
Apache Avro	flink-avro	Download

● 图 5-2　Flink 中的 Table 以及 SQL 编程整合包

5.4.1　使用 SQL 读取 CSV 文件并进行查询

下面是一个 SQL 读取 CSV 文件并查询的案例。

功能需求：读取 CSV 文件 flinksql.csv，查询年龄大于 18 岁的人，并将结果写入 CSV 文件。

（1）导入 jar 包

```
<dependency>
    <groupId>org.apache.flink</groupId>
    <artifactId>flink-table-planner_2.11</artifactId>
    <version>1.8.1</version>
</dependency>
<dependency>
    <groupId>org.apache.flink</groupId>
    <artifactId>flink-table-api-scala-bridge_2.11</artifactId>
    <version>1.8.1</version>
</dependency>
<dependency>
    <groupId>org.apache.flink</groupId>
    <artifactId>flink-table-api-scala_2.11</artifactId>
    <version>1.8.1</version>
</dependency>
<dependency>
    <groupId>org.apache.flink</groupId>
```

```
    <artifactId>flink-table-common</artifactId>
    <version>1.8.1</version>
</dependency>
```

（2）读取 CSV 文件并进行查询

```scala
import org.apache.flink.core.fs.FileSystem.WriteMode
import org.apache.flink.streaming.api.scala.{StreamExecutionEnvironment}
import org.apache.flink.table.api.{Table, Types}
import org.apache.flink.table.api.scala.StreamTableEnvironment
import org.apache.flink.table.sinks.{CsvTableSink}
import org.apache.flink.table.sources.CsvTableSource


object FlinkStreamSQL {
    //流式 SQL,获取运行环境
    val streamEnvironment: StreamExecutionEnvironment = StreamExecutionEnvir-
onment.getExecutionEnvironment
    //流式 Table 处理环境
    val tableEnvironment: StreamTableEnvironment = StreamTableEnvironment.create
(streamEnvironment)
    //注册我们的 tableSource
    val source: CsvTableSource = CsvTableSource.builder()
      .field("id", Types.INT)
      .field("name", Types.STRING)
      .field("age", Types.INT)
      .fieldDelimiter(",")
      .ignoreFirstLine()
      .ignoreParseErrors()
      .lineDelimiter("\r\n")
      .path("D:\\课程资料\\Flink 实时数仓\\datas\\flinksql.csv")
      .build()
    //将 TableSource 注册为表
    tableEnvironment.registerTableSource("user",source)
    //查询年龄大于 18 岁的人
    val result: Table = tableEnvironment.scan("user").filter("age >18")
    //打印表的元数据信息,也就是字段信息
    //将查询出来的结果保存到 CSV 文件
    val sink = new CsvTableSink("D:\\课程资料\\Flink 实时数仓\\datas\\sink.csv"
,"===",1,WriteMode.OVERWRITE)
    result.writeToSink(sink)
    streamEnvironment.execute()
  }
}
```

5.4.2   DataStream 与表的互相转换

DataStream 数据可以转换为一张表，然后通过 SQL 语句进行查询。读取 Socket 中的数据后进行数据统计，统计年龄大于 10 岁的人数，并将结果保存到本地文件，Socket 发送的数据格式如下。

```
101,zhangsan,18
102,lisi,20
103,wangwu,25
104,zhaoliu,8
```

将 DataStream 转换成为表需要用到 StreamExecutionEnvironment 和 StreamTableEnvironment 这两个对象。获取 StreamTableEnvironment 对象，然后调用 fromDataStream( )或者 registerDataStream( )方法就可以完成转换，如图 5-3 所示。

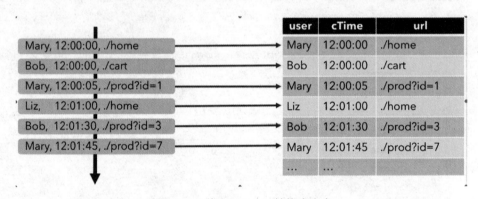

● 图 5-3   将 DataStream 转换成为表

将表转换为 DataStream 可以有两种模式。

（1）AppendMode

将表附加到流数据，表中只能有查询或者添加操作，如果有更改或者删除操作，那么就会失败。

（2）RetraceMode

始终可以使用此模式。返回值是 boolean 类型。它用 true 或 false 来标记数据的插入和撤回，返回 true 代表数据插入，false 代表数据撤回。

下面是一个代码示例。

注意：

Flink 代码开发需要导入隐式转换包：

```
import org.apache.flink.api.scala._
```

对于 Flink Table 或者 SQL 开发，则需要导入隐式转换包：

```
import org.apache.flink.table.api._

import org.apache.flink.core.fs.FileSystem.WriteMode
import org.apache.flink.streaming.api.scala.{DataStream, StreamExecutionEn-
vironment}
import org.apache.flink.table.api._
import org.apache.flink.api.scala._
import org.apache.flink.table.api.scala.StreamTableEnvironment
import org.apache.flink.table.sinks.CsvTableSink

object FlinkStreamSQL {
  def main(args: Array[String]): Unit = {
    val environment: StreamExecutionEnvironment = StreamExecutionEnviron-
ment.getExecutionEnvironment
    val streamSQLEnvironment: StreamTableEnvironment = StreamTableEnviron-
ment.create(environment)
    val socketStream: DataStream[String] = environment.socketTextStream("
node01",9000)
    //101,zhangsan,18
    //102,lisi,20
    //103,wangwu,25
    //104,zhaoliu,8
    val userStream: DataStream[User] = socketStream.map(x =>User(x.split(",")
(0).toInt,x.split(",")(1),x.split(",")(2).toInt))
    //将流注册为一张表
    streamSQLEnvironment.registerDataStream("userTable",userStream)
    //使用 Table API 来进行查询
    //val table: Table = streamSQLEnvironment.scan("userTable").filter("age >
10")
    //使用 SQL 方式进行查询
    val table: Table = streamSQLEnvironment.sqlQuery("select * from
userTable")
    val sink3 = new CsvTableSink("D:\\课程资料\\Flink 实时数仓\\datas\\
sink3.csv","===",1,WriteMode.OVERWRITE)
    table.writeToSink(sink3)

    //使用 append 模式将表转换为 DataStream,不能用于 sum、count、avg 等操作,只能用于添
加操作
    val appendStream: DataStream[User] = streamSQLEnvironment.toAppendStream
[User](table)
    //使用 retract 模式将表转换为 DataStream
    val retractStream: DataStream[(Boolean, User)] = streamSQLEnvironment.to-
```

```
RetractStream[User](table)
    environment.execute()
  }
}
case class User(id:Int,name:String,age:Int)
```

Socket 发送的数据如下。

```
101,zhangsan,18
102,lisi,20
103,wangwu,25
104,zhaoliu,8
```

5.4.3　DataSet 与表的互相转换

以下代码演示如何将 DataSet 注册为一张表，并进行数据查询，以及如何将表转换为 DataSet。

```
import org.apache.flink.api.scala._
import org.apache.flink.api.scala.ExecutionEnvironment
import org.apache.flink.core.fs.FileSystem.WriteMode
import org.apache.flink.table.api.scala.BatchTableEnvironment
import org.apache.flink.table.sinks.CsvTableSink

object FlinkBatchSQL {
  def main(args: Array[String]): Unit = {
        val environment: ExecutionEnvironment = ExecutionEnviron-
ment.getExecutionEnvironment
    val batchSQL: BatchTableEnvironment = BatchTableEnvironment.create(envi-
ronment)

    val sourceSet: DataSet[String] = environment.readTextFile("D:\\课程资料\\
Flink实时数仓\\datas\\dataSet.csv")

    val userSet: DataSet[User2] = sourceSet.map(x => {
      println(x)
      val line: Array[String] = x.split(",")
      User2(line(0).toInt, line(1), line(2).toInt)
    })

    import org.apache.flink.table.api._

    batchSQL.registerDataSet("user",userSet)
```

```scala
//val table: Table = batchSQL.scan("user").filter("age > 18")
//注意:user 关键字是 Flink 中的保留字段,用到这些保留字段时需要转译
val table: Table = batchSQL.sqlQuery("select id,name,age from 'user'")
val sink = new CsvTableSink("D:\\课程资料\\Flink 实时数仓\\datas\\
batchSink.csv","===",1,WriteMode.OVERWRITE)
table.writeToSink(sink)


//将表转换成为 DataSet
val tableSet: DataSet[User2] = batchSQL.toDataSet[User2](table)

tableSet.map(x =>x.age).print()

environment.execute()
  }
}
case class User2(id:Int,name:String,age:Int)
```

更多 Flink 定义的保留字段参见以下官网地址：https://ci. apache. org/projects/flink/ flink-docs-release-1. 8/dev/table/sql. html。Flink 中常用的关键字如下，注意这些关键字都是 Flink 的保留字段，表字段中尽量不要使用，否则容易报错。

A, ABS, ABSOLUTE, ACTION, ADA, ADD, ADMIN, AFTER, ALL, ALLOCATE, ALLOW, ALTER, AL-WAYS, AND, ANY, ARE, ARRAY, AS, ASC, ASENSITIVE, ASSERTION, ASSIGNMENT, ASYMMET-RIC, AT, ATOMIC, ATTRIBUTE, ATTRIBUTES, AUTHORIZATION, AVG, BEFORE, BEGIN, BER-NOULLI, BETWEEN, BIGINT, BINARY, BIT, BLOB, BOOLEAN, BOTH, BREADTH, BY, C, CALL, CALLED, CARDINALITY, CASCADE, CASCADED, CASE, CAST, CATALOG, CATALOG_NAME, CEIL, CEILING, CENTURY, CHAIN, CHAR, CHARACTER, CHARACTERISTICS, CHARACTERS, CHARACTER_LENGTH, CHARACTER_SET_CATALOG, CHARACTER_SET_NAME, CHARACTER_SET_ SCHEMA, CHAR_LENGTH, CHECK, CLASS_ORIGIN, CLOB, CLOSE, COALESCE, COBOL, COLLATE, COLLATION, COLLATION_CATALOG, COLLATION_NAME, COLLATION_SCHEMA, COLLECT, COL-UMN, COLUMN_NAME, COMMAND_FUNCTION, COMMAND_FUNCTION_CODE, COMMIT, COMMITTED, CONDITION, CONDITION_NUMBER, CONNECT, CONNECTION, CONNECTION_NAME, CONSTRAINT, CONSTRAINTS, CONSTRAINT_CATALOG, CONSTRAINT_NAME, CONSTRAINT_SCHEMA, CONSTRUC-TOR, CONTAINS, CONTINUE, CONVERT, CORR, CORRESPONDING, COUNT, COVAR_POP, COVAR_ SAMP, CREATE, CROSS, CUBE, CUME_DIST, CURRENT, CURRENT_CATALOG, CURRENT_DATE, CURRENT_DEFAULT_TRANSFORM_GROUP, CURRENT_PATH, CURRENT_ROLE, CURRENT_SCHEMA, CURRENT_TIME, CURRENT_TIMESTAMP, CURRENT_TRANSFORM_GROUP_FOR_TYPE, CURRENT_US-ER, CURSOR, CURSOR_NAME, CYCLE, DATA, DATABASE, DATE, DATETIME_INTERVAL_CODE, DATETIME_INTERVAL_PRECISION, DAY, DEALLOCATE, DEC, DECADE, DECIMAL, DECLARE, DE-FAULT, DEFAULTS, DEFERRABLE, DEFERRED, DEFINED, DEFINER, DEGREE, DELETE, DENSE_ RANK, DEPTH, DEREF, DERIVED, DESC, DESCRIBE, DESCRIPTION, DESCRIPTOR, DETERMIN-ISTIC, DIAGNOSTICS, DISALLOW, DISCONNECT, DISPATCH, DISTINCT, DOMAIN, DOUBLE,

DOW, DOY, DROP, DYNAMIC, DYNAMIC_FUNCTION, DYNAMIC_FUNCTION_CODE, EACH, ELEMENT, ELSE, END, END-EXEC, EPOCH, EQUALS, ESCAPE, EVERY, EXCEPT, EXCEPTION, EXCLUDE, EXCLUDING, EXEC, EXECUTE, EXISTS, EXP, EXPLAIN, EXTEND, EXTERNAL, EXTRACT, FALSE, FETCH, FILTER, FINAL, FIRST, FIRST_VALUE, FLOAT, FLOOR, FOLLOWING, FOR, FOREIGN, FORTRAN, FOUND, FRAC_SECOND, FREE, FROM, FULL, FUNCTION, FUSION, G, GENERAL, GENERATED, GET, GLOBAL, GO, GOTO, GRANT, GRANTED, GROUP, GROUPING, HAVING, HIERARCHY, HOLD, HOUR, IDENTITY, IMMEDIATE, IMPLEMENTATION, IMPORT, IN, INCLUDING, INCREMENT, INDICATOR, INITIALLY, INNER, INOUT, INPUT, INSENSITIVE, INSERT, INSTANCE, INSTANTIABLE, INT, INTEGER, INTERSECT, INTERSECTION, INTERVAL, INTO, INVOKER, IS, ISOLATION, JAVA, JOIN, K, KEY, KEY_MEMBER, KEY_TYPE, LABEL, LANGUAGE, LARGE, LAST, LAST_VALUE, LATERAL, LEADING, LEFT, LENGTH, LEVEL, LIBRARY, LIKE, LIMIT, LN, LOCAL, LOCALTIME, LOCALTIMESTAMP, LOCATOR, LOWER, M, MAP, MATCH, MATCHED, MAX, MAXVALUE, MEMBER, MERGE, MESSAGE_LENGTH, MESSAGE_OCTET_LENGTH, MESSAGE_TEXT, METHOD, MICROSECOND, MILLENNIUM, MIN, MINUTE, MINVALUE, MOD, MODIFIES, MODULE, MONTH, MORE, MULTISET, MUMPS, NAME, NAMES, NATIONAL, NATURAL, NCHAR, NCLOB, NESTING, NEW, NEXT, NO, NONE, NORMALIZE, NORMALIZED, NOT, NULL, NULLABLE, NULLIF, NULLS, NUMBER, NUMERIC, OBJECT, OCTETS, OCTET_LENGTH, OF, OFFSET, OLD, ON, ONLY, OPEN, OPTION, OPTIONS, OR, ORDER, ORDERING, ORDINALITY, OTHERS, OUT, OUTER, OUTPUT, OVER, OVERLAPS, OVERLAY, OVERRIDING, PAD, PARAMETER, PARAMETER_MODE, PARAMETER_NAME, PARAMETER_ORDINAL_POSITION, PARAMETER_SPECIFIC_CATALOG, PARAMETER_SPECIFIC_NAME, PARAMETER_SPECIFIC_SCHEMA, PARTIAL, PARTITION, PASCAL, PASSTHROUGH, PATH, PERCENTILE_CONT, PERCENTILE_DISC, PERCENT_RANK, PLACING, PLAN, PLI, POSITION, POWER, PRECEDING, PRECISION, PREPARE, PRESERVE, PRIMARY, PRIOR, PRIVILEGES, PROCEDURE, PUBLIC, QUARTER, RANGE, RANK, READ, READS, REAL, RECURSIVE, REF, REFERENCES, REFERENCING, REGR_AVGX, REGR_AVGY, REGR_COUNT, REGR_INTERCEPT, REGR_R2, REGR_SLOPE, REGR_SXX, REGR_SXY, REGR_SYY, RELATIVE, RELEASE, REPEATABLE, RESET, RESTART, RESTRICT, RESULT, RETURN, RETURNED_CARDINALITY, RETURNED_LENGTH, RETURNED_OCTET_LENGTH, RETURNED_SQLSTATE, RETURNS, REVOKE, RIGHT, ROLE, ROLLBACK, ROLLUP, ROUTINE, ROUTINE_CATALOG, ROUTINE_NAME, ROUTINE_SCHEMA, ROW, ROWS, ROW_COUNT, ROW_NUMBER, SAVEPOINT, SCALE, SCHEMA, SCHEMA_NAME, SCOPE, SCOPE_CATALOGS, SCOPE_NAME, SCOPE_SCHEMA, SCROLL, SEARCH, SECOND, SECTION, SECURITY, SELECT, SELF, SENSITIVE, SEQUENCE, SERIALIZABLE, SERVER, SERVER_NAME, SESSION, SESSION_USER, SET, SETS, SIMILAR, SIMPLE, SIZE, SMALLINT, SOME, SOURCE, SPACE, SPECIFIC, SPECIFICTYPE, SPECIFIC_NAME, SQL, SQLEXCEPTION, SQLSTATE, SQLWARNING, SQL_TSI_DAY, SQL_TSI_FRAC_SECOND, SQL_TSI_HOUR, SQL_TSI_MICROSECOND, SQL_TSI_MINUTE, SQL_TSI_MONTH, SQL_TSI_QUARTER, SQL_TSI_SECOND, SQL_TSI_WEEK, SQL_TSI_YEAR, SQRT, START, STATE, STATEMENT, STATIC, STDDEV_POP, STDDEV_SAMP, STREAM, STRUCTURE, STYLE, SUBCLASS_ORIGIN, SUBMULTISET, SUBSTITUTE, SUBSTRING, SUM, SYMMETRIC, SYSTEM, SYSTEM_USER, TABLE, TABLESAMPLE, TABLE_NAME, TEMPORARY, THEN, TIES, TIME, TIMESTAMP, TIMESTAMPADD, TIMESTAMPDIFF, TIMEZONE_HOUR, TIMEZONE_MINUTE, TINYINT, TO, TOP_LEVEL_COUNT, TRAILING, TRANSACTION, TRANSACTIONS_ACTIVE, TRANSACTIONS_

```
COMMITTED, TRANSACTIONS_ROLLED_BACK, TRANSFORM, TRANSFORMS, TRANSLATE, TRANS-
LATION, TREAT, TRIGGER, TRIGGER_CATALOG, TRIGGER_NAME, TRIGGER_SCHEMA, TRIM,
TRUE, TYPE, UESCAPE, UNBOUNDED, UNCOMMITTED, UNDER, UNION, UNIQUE, UNKNOWN, UN-
NAMED, UNNEST, UPDATE, UPPER, UPSERT, USAGE, USER, USER_DEFINED_TYPE_CATALOG,
USER_DEFINED_TYPE_CODE, USER_DEFINED_TYPE_NAME, USER_DEFINED_TYPE_SCHEMA, US-
ING, VALUE, VALUES, VARBINARY, VARCHAR, VARYING, VAR_POP, VAR_SAMP, VERSION,
VIEW, WEEK, WHEN, WHENEVER, WHERE, WIDTH_BUCKET, WINDOW, WITH, WITHIN, WITHOUT,
WORK, WRAPPER, WRITE, XML, YEAR, ZONE
```

5.4.4　SQL 处理 Kafka 的 JSON 格式数据

Flink 的 SQL 功能也可以用于直接读取 Kafka 中的数据作为数据源，将 Kafka 中的数据注册为一张表，然后通过 SQL 来查询表中的数据即可。如果 Kafka 中出现的是 JSON 格式的数据，Flink 也可以与之进行集成并解析数据。

下面是一个代码示例。

（1）导入 jar 包

```xml
<dependency >
    <groupId >org.apache.flink</groupId >
    <artifactId >flink-json</artifactId >
    <version >1.8.1</version >
</dependency >


<!--
前面 Flink Stream 与 Kafka 整合时已经导入了 Kafka 的包,下面不用再导入了
<dependency>
    <groupId>org.apache.flink</groupId>
    <artifactId>flink-connector-kafka-0.11_2.11</artifactId>
    <version>1.8.1</version>
</dependency>
<dependency>
    <groupId>org.apache.kafka</groupId>
    <artifactId>kafka-clients</artifactId>
    <version>1.1.0</version>
</dependency>


<dependency>
    <groupId>org.slf4j</groupId>
    <artifactId>slf4j-api</artifactId>
    <version>1.7.25</version>
</dependency>
```

```
<dependency>
    <groupId>org.slf4j</groupId>
    <artifactId>slf4j-log4j12</artifactId>
    <version>1.7.25</version>
</dependency>
-->
```

（2）创建 Kafka 的 topic

在 node01 上执行以下命令，创建一个 topic。

```
cd /kkb/install/kafka_2.11-1.1.0
bin/kafka-topics.sh --create --topic kafka_source_table --partitions 3 --rep-
lication-factor 1 --zookeeper node01:2181,node02:2181,node03:2181
```

（3）使用 Flink 查询 Kafka 中的数据

```scala
import org.apache.flink.api.common.typeinfo.TypeInformation
import org.apache.flink.core.fs.FileSystem.WriteMode
import org.apache.flink.streaming.api.scala.StreamExecutionEnvironment
import org.apache.flink.table.api.{Table, _}
import org.apache.flink.table.api.scala.StreamTableEnvironment
import org.apache.flink.table.descriptors.{Json, Kafka, Schema}
import org.apache.flink.table.sinks.CsvTableSink
object KafkaJsonSource {
  def main(args: Array[String]): Unit = {
    val streamEnvironment: StreamExecutionEnvironment = StreamExecutionEnvir-
onment.getExecutionEnvironment
    //隐式转换
    //checkpoint 配置
    /* streamEnvironment.enableCheckpointing(100);
     streamEnvironment.getCheckpointConfig.setCheckpointingMode(Checkpoint-
ingMode.EXACTLY_ONCE);
    streamEnvironment.getCheckpointConfig.setMinPauseBetweenCheckpoints(500);
    streamEnvironment.getCheckpointConfig.setCheckpointTimeout(60000);
    streamEnvironment.getCheckpointConfig.setMaxConcurrentCheckpoints(1);
        streamEnvironment.getCheckpointConfig.enableExternalizedCheckpoints
(CheckpointConfig.ExternalizedCheckpointCleanup.RETAIN_ON_CANCELLATION);
* /
    val tableEnvironment: StreamTableEnvironment = StreamTableEnvironment.
create(streamEnvironment)
    val kafka: Kafka = new Kafka()
      .version("0.11")
```

```
        .topic("kafka_source_table")
        .startFromLatest()
        .property("group.id" , "test_group")
        .property("bootstrap.servers" , "node01:9092,node02:9092,node03:9092")


    val json: Json = new Json().failOnMissingField(false ).deriveSchema()
    //{"userId":1119,"day":"2017-03-02","begintime":1488326400000,"endtime":
1488327000000,"data":[{"package":"com.browser","activetime":120000}]}
    val schema: Schema = new Schema()
        .field("userId" , Types.INT)
        .field("day" , Types.STRING)
        .field("begintime" , Types.LONG)
        .field("endtime" , Types.LONG)
    tableEnvironment
        .connect(kafka)
        .withFormat(json)
        .withSchema(schema)
        .inAppendMode()
        .registerTableSource("user_log")
    //使用SQL查询数据
    val table: Table = tableEnvironment.sqlQuery ( "select userId,' day' ,
begintime,endtime   from user_log" )
    table.printSchema()
    //定义sink,即数据输出目的地
    val sink = new CsvTableSink("D:\\课程资料\\Flink 实时数仓\\datas\\flink_
kafka.csv" ,"=====" ,1,WriteMode.OVERWRITE)
    //注册数据输出目的地
    tableEnvironment.registerTableSink("csvSink" ,
      Array[String]("f0" ,"f1" ,"f2" ,"f3"),
        Array [TypeInformation [_]] ( Types.INT, Types.STRING, Types.LONG,
Types.LONG),sink)
    //将数据插入数据输出目的地
    table.insertInto("csvSink")
    streamEnvironment.execute("kafkaSource")
  }
}
```

(4) 从Kafka中发送数据

使用Kafka命令行发送数据。

```
cd /kkb/install/kafka_2.11-1.1.0
bin/kafka-console-producer.sh  --topic kafka_source_table --broker-list
node01:9092,node02:9092,node03:9092
```

发送数据格式如下：

```
{ " userId ": 1119," day ":" 2017 - 03 - 02 "," begintime ": 1488326400000," endtime ":
1488327000000}
{ " userId ": 1120," day ":" 2017 - 03 - 02 "," begintime ": 1488326400000," endtime ":
1488327000000}
{ " userId ": 1121," day ":" 2017 - 03 - 02 "," begintime ": 1488326400000," endtime ":
1488327000000}
{ " userId ": 1122," day ":" 2017 - 03 - 02 "," begintime ": 1488326400000," endtime ":
1488327000000}
{ " userId ": 1123," day ":" 2017 - 03 - 02 "," begintime ": 1488326400000," endtime ":
1488327000000}
```

5.5　本章小结

本章主要介绍了 Flink 中的 Table 及 SQL API，通过其统一编程方式接口，可以真正实现一套 API 统一进行流式（实时）处理和批量处理，简化了代码开发过程，降低了 Flink 的入门门槛，让更多人快速上手使用。

第 **6** 章

Flink 数据去重与数据连接

数据去重是实际工作中经常碰到的问题,例如想要统计某一个时间段的独立用户数,就得对每个用户的cookieId进行去重等操作。数据去重的总体思路是不变的,但是不同的技术框架使用的方式还是有所不同的。同时,Flink 也可以对数据流进行连接(join)操作,以实现特定需求。

6.1　数据去重

Flink 提供了很多种方式来实现数据去重，接下来具体学习一下。

6.1.1　基于 MapState 实现流式去重

数据去重是实际工作中必不可少的功能需求，下面以计算每个广告每天或者每小时的点击数为例进行讲解。广告点击数据中最少包含以下三个字段：广告位 ID、用户设备 ID（类似于 MAC 地址）以及点击时间等。

具体实现原理如下。

1）为了使当天的数据可重现，这里选择事件时间也就是广告点击时间作为每小时的窗口期划分。

2）数据分组使用广告位 ID+点击事件所属的小时。

3）选择 processFunction 来实现，一个状态用来保存数据、另外一个状态用来保存对应的数据量。

4）计算完成之后的数据按照时间进度注册定时器进行清理。

代码实现如下。

```scala
import java.util.Properties

import org.apache.flink.api.common.state.{MapState, MapStateDescriptor, Val-
ueState, ValueStateDescriptor}
import org.apache.flink.api.common.typeinfo.TypeInformation
import org.apache.flink.configuration.Configuration
import org.apache.flink.streaming.api.TimeCharacteristic
import org.apache.flink.streaming.api.functions.KeyedProcessFunction
import
org.apache.flink.streaming.api.functions.timestamps
.BoundedOutOfOrdernessTimestampExtractor
import org.apache.flink.streaming.api.scala.StreamExecutionEnvironment
import org.apache.flink.streaming.api.windowing.time.Time
import org.apache.flink.streaming.api.windowing.windows.TimeWindow
import org.apache.flink.streaming.connectors.kafka.FlinkKafkaConsumer011
import org.apache.flink.streaming.util.serialization.SimpleStringSchema
import org.apache.flink.util.Collector
import org.apache.kafka.clients.consumer.ConsumerConfig

//定义 case class 用于包装 Kafka 中的数据
```

```scala
case class AdData(id:Int,devId:String,time:Long)

case class AdKey(id:Int,time:Long)

object MapStateDistinct {

  def main(args: Array[String]): Unit = {
    val env = StreamExecutionEnvironment.getExecutionEnvironment
    env.setStreamTimeCharacteristic(TimeCharacteristic.EventTime)
    val kafkaConfig = new Properties()
    kafkaConfig.put(ConsumerConfig.BOOTSTRAP_SERVERS_CONFIG,"node01:9092")
    kafkaConfig.put(ConsumerConfig.GROUP_ID_CONFIG,"flink_kafka_group")

    val consumer = new FlinkKafkaConsumer011[String]("flink_kafka",new Simple-
StringSchema,kafkaConfig)
    val ds = env.addSource(consumer)
      .map(x=>{
        val s = x.split(",")
        AdData(s(0).toInt,s(1),s(2).toLong)
        }) .assignTimestampsAndWatermarks ( new  BoundedOutOfOrdernessTimes-
tampExtractor[AdData](Time.minutes(1)) {
      override def extractTimestamp(element: AdData): Long = element.time
    }).keyBy(x=>{
```

//指定时间属性,这里设置允许1分钟的延时,可根据实际情况调整

//时间的转换选择 TimeWindow.getWindowStartWithOffset(),这时 Flink 窗口中自带的方法,使用起来很方便,第一个参数表示数据时间,第二个参数是 offset(偏移量),默认为 0. 正常窗口划分都是整点方式,例如从 0 开始划分,这个 offset 就是相对于 0 的偏移量.第三个参数表示窗口大小,得到的结果是数据所属窗口的开始时间,这里加上了窗口大小,使用结束时间与广告位 ID 作为分组的 key

```scala
        val endTime = TimeWindow.getWindowStartWithOffset (x.time, 0,
Time.hours(1).toMilliseconds) + Time.hours(1).toMilliseconds
      AdKey(x.id,endTime)
    })

  }
}
```

```
/*
去重逻辑
自定义 Distinct1ProcessFunction 继承了 KeyedProcessFunction,这里直接将数据输出到
控制台,方便查看结果
```

定义两个状态:MapState 和 ValueState.key 表示 devId, value 表示一个随意的值,只是为了标识

MapState 表示一个广告位在某个小时的设备数据,如果使用 RocksDB 作为 StateBackend,那么会将 MapState 中的 key 作为 RocksDB 中 key 的一部分,MapState 中 value 作为 rocksDB 中的 value, RocksDB 中的 value 大小是有上限的

```scala
*/

class Distinct1ProcessFunction extends KeyedProcessFunction[AdKey, AdData, Void] {
  var devIdState: MapState[String, Int] = _
  var devIdStateDesc: MapStateDescriptor[String, Int] = _
  var countState: ValueState[Long] = _
  var countStateDesc: ValueStateDescriptor[Long] = _
  override def open(parameters: Configuration): Unit = {
    devIdStateDesc = new MapStateDescriptor[String, Int]("devIdState", TypeInformation.of(classOf[String]), TypeInformation.of(classOf[Int]))
    devIdState = getRuntimeContext.getMapState(devIdStateDesc)
    countStateDesc = new ValueStateDescriptor[Long]("countState", TypeInformation.of(classOf[Long]))
    countState = getRuntimeContext.getState(countStateDesc)
  }

  override def processElement(value: AdData, ctx: KeyedProcessFunction[AdKey, AdData, Void]#Context, out: Collector[Void]): Unit = {
    val currW=ctx.timerService().currentWatermark()
    if (ctx.getCurrentKey.time+1<=currW) {
      println("late data:" + value)
      return
    }
    val devId = value.devId
    devIdState.get(devId) match {
      case 1 => {
        //表示已经存在
      }
      case _ => {
        //表示不存在
        devIdState.put(devId, 1)
        val c = countState.value()
        countState.update(c + 1)
        //还需要注册一个定时器
        ctx.timerService().registerEventTimeTimer(ctx.getCurrentKey.time + 1)
      }
```

```scala
  }
  println(countState.value())
}

override def onTimer (timestamp: Long, ctx: KeyedProcessFunction [AdKey,
AdData, Void]#OnTimerContext, out: Collector[Void]): Unit = {
  println(countState.value())
  devIdState.clear()
  countState.clear()
}
}
```

6.1.2　基于 SQL 实现流式去重

上面使用 MapState 通过代码来实现去重，代码实现比较麻烦，开发周期长，而使用 SQL 的方式来实现效率更高。Flink SQL 中提供了 distinct 去重方式：

```sql
SELECT DISTINCT userId FROM User
```

以上 SQL 语句表示获取去重之后的所有用户 Id。

下面再以统计网站 UV（Unlque Visitor）为例。

第一种统计方式为：

```sql
SELECT datatime,count(DISTINCT devId) FROM pv group by datatime
```

该语句表示计算网页每日的 UV 数量，其核心实现主要依靠 DistinctAccumulator 与 CountAccumulator。DistinctAccumulator 内部包含一个 map 结构，key 表示 distinct 的字段，value 表示重复的计数，CountAccumulator 相当于一个计数器，这两部分都是作为动态生成聚合函数的中间结果 Accumulator，通过之前的聚合函数分析可知中间结果是存储在状态里面的，也就是容错并且具有一致性语义的。

其处理流程是：将 devId 添加到对应的 DistinctAccumulator 对象中，首先判断 map 中是否存在该 devId，不存在则插入 map 并且将对应 value 记 1，返回 True，存在则将对应的 value+1 更新到 map 中，并且返回 False；只有返回 True 时才会对 CountAccumulator 做加 1 的操作，以此达到计数目的。

第二种统计方式为：

```sql
select count(*),datatime from(
select distinct devId,datatime from pv ) a
group by datatime
```

语句内部是对 devId、datatime 进行的 distinct 计算，在 Flink 内部会转换为以 devId、datatime 进行分组的流并进行聚合操作，动态生成一个聚合函数。该聚合函数 createAccumulators()生成的是一个 row(0) 的 Accumulator 对象，其 accumulate() 方法是一个空实现，也就是该聚合函数每次聚合之后返回的结果都是 row(0)。通过之前对 SQL 中聚合函数的分析（可查看 GroupAggProcessFunction 函数源码），如果聚合函数处理前后得到的值相同，那么可能不会发送该条结果，也可能发送一条数据撤回一条新增的结果，但是其最终效果是不会影响下游计算的，在这里简单理解为处理相同的 devId、datatime 时不会向下游发送数据即可，也就是每一对 devId、datatime 只会向下游发送一次数据。

语句外部是一个简单的时间维度的计数计算，由于内部每一组 devId、datatime 只会发送一次数据到外部，所以外部对应 datatime 维度的每一个 devId 都是唯一的一次计数，得到的结果就是去重计数结果。

对两种方式的对比如下。

1）这两种方式会得到相同的结果，但其内部实现上差异较大：第一种在分组上选择 datatime，内部使用累加器 DistinctAccumulator，每一个 datatime 都会与之对应一个对象，在该维度上所有的 devId 都会存储在累加器对象的 map 中；而第二种方式首先细化分组，使用 datatime+devId 分开存储，然后在外部使用时间维度进行计数。这两个过程可以简单归纳为以下形式。

- 第一种：datatime->Value{devId1,devId2..}。
- 第二种：datatime+devId->row(0)。

2）聚合函数中 Accumulator 是存储在 ValueState 中的，第二种方式的 key 会比第一种方式多不少，但是其 ValueState 占用的空间却小很多，而在实际应用中通常会选择 Rocksdb 方式作为状态后端，RocksDB 中的 value 大小是有上限的，第一种方式很容易到达上限，那么使用第二种方式会更加合适。

另外，这两种方式都是全量保存设备数据的，会消耗很大的存储空间，但是计算通常是带有时间属性的，可以通过配置 StreamQueryConfig 来设置状态 ttl。

6.2 流的连接实现

连接（join）操作在 SQL 中经常会碰到，包括内连接（inner join）、左外连接（left join），右外连接（right join）等，接下来一起看一下 Flink 中的 join 操作。

6.2.1 使用 CoGroup 实现流连接

CoGroup 表示联合分组，将两个不同的 DataStream 联合起来，在相同的窗口内按照相同的 key 分组处理。先通过一个例子了解其使用方法。

```
import java.lang
import java.util.Properties

import org.apache.flink.api.common.functions.CoGroupFunction
import org.apache.flink.streaming.api.scala.StreamExecutionEnvironment
```

```scala
import
org.apache.flink.streaming.api.windowing.assigners
.TumblingProcessingTimeWindows
import org.apache.flink.streaming.api.windowing.time.Time
import org.apache.flink.streaming.connectors.kafka.FlinkKafkaConsumer011
import org.apache.flink.streaming.util.serialization.SimpleStringSchema
import org.apache.flink.util.Collector
import org.apache.kafka.clients.consumer.ConsumerConfig

case class Order(id:String, gdpsId:String, amount:Double)

case class Gdps(id:String, name:String)

case class RsInfo(orderId:String, gdsId:String, amount:Double, gdsName:String)

object CoGroupDemo{

  def main(args:Array[String]):Unit = {

    val env = StreamExecutionEnvironment.getExecutionEnvironment

    env.setParallelism(1)

    val kafkaConfig = new Properties();

    kafkaConfig.put(ConsumerConfig.BOOTSTRAP_SERVERS_CONFIG,"node01:9092");

    kafkaConfig.put(ConsumerConfig.GROUP_ID_CONFIG,"co_group");

    val orderConsumer = new FlinkKafkaConsumer011[String]("topic1",new Simple-
StringSchema, kafkaConfig)

    val gdsConsumer = new FlinkKafkaConsumer011[String]("topic2",new Simple-
StringSchema, kafkaConfig)

    val orderDs = env.addSource(orderConsumer).map(x =>{

      val a = x.split(",")
      Order(a(0), a(1), a(2).toDouble)

    })

    val gdsDs = env.addSource(gdsConsumer)
```

```scala
    .map(x =>{

      val a = x.split(",")

      Gdps(a(0), a(1))

    })



    orderDs.coGroup(gdsDs)

    .where(_.gdpsId)//orderDs 中选择 key

    .equalTo(_.id)//gdsDs 中选择 key

    .window(TumblingProcessingTimeWindows.of(Time.minutes(1)))

    .apply(new CoGroupFunction[Order,Gdps,RsInfo]{
      override def coGroup(first: lang.Iterable[Order], second: lang.Iterable
[Gdps], collector: Collector[RsInfo]): Unit = {
        //得到两个流中相同 key 的集合

      }
    })
    env.execute()

  }}
```

从源码角度分析一下 CoGroup 的实现。

1）两个 DataStream 进行 CoGroup 得到的是一个 CoGroupedStream 类型，后面 where、equalTo、window、apply 之间的一些转换，最终得到一个 WithWindow 类型，包含两个 DataStream、key 选择、where 条件、window 等属性。

2）WithWindow 的 apply( ) 方法是一个重点，图 6-1 所示就是 Flink 中的 CoGroup 操作。

图 6-1 所示的代码中，首先对两个 DataStream 打标签进行区分，得到 TaggedUnion。TaggedUnion 包含两个属性，分别对应两个流，将两个打标签后的流 TaggedUnion 进行 union 操作合并为一个 DataStream 类型的流 unionStream，unionStream 根据不同的流选择 where/ equalTo 条件进行 keyBy 操作后得到 KeyedStream，通过指定的 window 方式得到一个 Win-dowedStream，然后通过 apply( )方法使用一个被 CoGroupWindowFunction 包装的函数，后续就是 window 的操作，具体的实现流程图如图 6-2 所示。

到这里已经将一个 CoGroup 操作转换为 window 操作，接着看看如何将相同 key 的两个

```
public <T> DataStream<T> apply(CoGroupFunction<T1, T2, T> function, TypeInformation<T> resultType) {
    //clean the closure
    function = input1.getExecutionEnvironment().clean(function);

    UnionTypeInfo<T1, T2> unionType = new UnionTypeInfo<>(input1.getType(), input2.getType());
    UnionKeySelector<T1, T2, KEY> unionKeySelector = new UnionKeySelector<>(keySelector1, keySelector

    DataStream<TaggedUnion<T1, T2>> taggedInput1 = input1
            .map(new Input1Tagger<T1, T2>())
            .setParallelism(input1.getParallelism())    打标签
            .returns(unionType);
    DataStream<TaggedUnion<T1, T2>> taggedInput2 = input2
            .map(new Input2Tagger<T1, T2>())
            .setParallelism(input2.getParallelism())    打标签
            .returns(unionType);

    DataStream<TaggedUnion<T1, T2>> unionStream = taggedInput1.union(taggedInput2);合并

    // we explicitly create the keyed stream to manually pass the key type information in
    WindowedStream<TaggedUnion<T1, T2>, KEY, W> windowOp =
            new KeyedStream<TaggedUnion<T1, T2>, KEY>(unionStream, unionKeySelector, keyType)
            .window(windowAssigner);    先分组，然后转换为window

    if (trigger != null) {
        windowOp.trigger(trigger);
    }
    if (evictor != null) {
        windowOp.evictor(evictor);
    }
                    使用窗口函数
    return windowOp.apply(new CoGroupWindowFunction<T1, T2, T, KEY, W>(function), resultType);
}
```

●图 6-1　Flink 中的 CoGroup 操作

流数据组合在一起的，如图 6-3 所示。

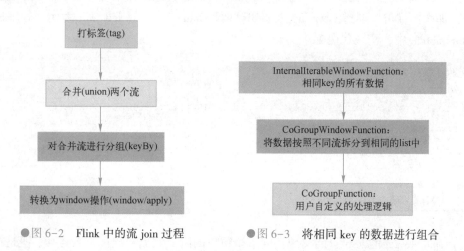

●图 6-2　Flink 中的流 join 过程　　　　●图 6-3　将相同 key 的数据进行组合

1）在用户定义的 CoGroupFunction 被 CoGroupWindowFunction 包装之后，会接着被 InternalIterableWindowFunction 包装，一个窗口内相同 key 的所有数据都会在一个 Iterable 中，会将其传给 CoGroupWindowFunction。

2）在 CoGroupWindowFunction 中，会将不同流的数据区分开来得到两个 list，并传到用户自定义的 CoGroupFunction 中。

在理解了 CoGroup 的实现后，join 实现原理也就比较简单了。DataStream 的 join 操作同样表示连接两个流，也是基于窗口实现，其内部调用了 CoGroup 的调用链，使用方式与调用流程跟 CoGroup 极其相似，主要有以下两点不同。

1）Join 不再使用 CoGroupFunction，而是使用 JoinFunction，在 JoinFunction 里面得到的

是来自不同的两个流、具有相同 key 的每一对数据。其函数调用链如图 6-4 所示。

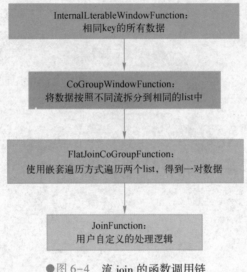

●图 6-4 流 join 的函数调用链

2）join 中间增加了对 FlatJoinCoGroupFunction 函数的调用，使用嵌套遍历方式得到两个流的笛卡儿积传给用户自定义函数。

另外，Flink 中的 DataStream 只提供了 inner join 的实现，并未提供 left join 与 right join 的实现，那么同样可以通过 CoGroup 来实现这两种 join 操作。以 left join 为例，处理逻辑在 CoGroupFunction 中，实现代码如下。

```
first.forEach(x =>{
  second.forEach(y =>{
    collector.collect(new RsInfo(x.id,x.gdpsId,x.amount,y.name))
  })
})
```

6.2.2 interval join 机制

基于 DataStream 的 join 只能实现在同一个窗口的两个数据流之间进行连接，但是在实际工作中常常存在数据乱序或者延时的情况，导致两个流的数据进度不一致，就会出现数据跨窗口的情况，那么数据就无法在同一个窗口内连接。Flink 基于 KeyedStream 提供了一种 interval join 机制，interval join 连接两个 KeyedStream，按照相同的 key 在一个相对数据时间的时间段内进行连接。

先看一个案例。用户购买商品过程中填写收货地址然后下单，在这个过程中产生两个数据流：一个是订单数据流，包含用户 id、商品 id、订单时间、订单金额、收货 id 等，另一个是收货信息数据流，包含收货 id、收货人、收货人联系方式、收货人地址等。系统在处理过程中，先发送订单数据，在之后的 1~5 秒内会发送收货数据，现在要求实时统计订单金额最大的 100 个地区。在这个案例中有两个数据流，订单数据流 orderStream 在先，收货数据流 addressStream 在后，需要将这两个数据流按照收货 id 连接之后计算获得前 100 个地区，由于 orderStream 比 addressStream 早 1~5 秒，所以有这样一种关系：

```
orderStream.time+1<=addressStream.time<=orderStream.time+5
```

或者是

```
addressStream.time-5<=orderStream.time<=addressStream.time-1
```

看一下 join 的部分实现代码。

```scala
import java.util.Properties

import org.apache.flink.streaming.api.TimeCharacteristic
import org.apache.flink.streaming.api.functions.co.ProcessJoinFunction
import org.apache.flink.streaming.api.functions.timestamps.BoundedOutOfOrdernessTimestampExtractor
import org.apache.flink.streaming.api.scala.StreamExecutionEnvironment
import org.apache.flink.streaming.api.windowing.time.Time
import org.apache.flink.streaming.connectors.kafka.FlinkKafkaConsumer011
import org.apache.flink.streaming.util.serialization.SimpleStringSchema
import org.apache.flink.util.Collector
import org.apache.kafka.clients.consumer.ConsumerConfig

case class Order2(orderId:String, userId:String, gdsId:String, amount:Double, addrId:String, time:Long)

case class Address(addrId:String, userId:String, address:String, time:Long)

case class RsInfo(orderId:String, userId:String, gdsId:String, amount:Double, addrId:String, address:String)

object IntervalJoinDemo{

  def main(args:Array[String]):Unit = {

  val env =StreamExecutionEnvironment.getExecutionEnvironment
  env.setStreamTimeCharacteristic(TimeCharacteristic.EventTime)
  env.getConfig.setAutoWatermarkInterval(5000L)
  env.setParallelism(1)

  val kafkaConfig =new Properties()
  kafkaConfig.put(ConsumerConfig.BOOTSTRAP_SERVERS_CONFIG,"localhost:9092")
  kafkaConfig.put(ConsumerConfig.GROUP_ID_CONFIG,"test1")
```

```
  val orderConsumer = new FlinkKafkaConsumer011[String]("topic1",new Simple-
StringSchema, kafkaConfig)
  val addressConsumer = new FlinkKafkaConsumer011[String]("topic2",new Simple-
StringSchema, kafkaConfig)
  val orderStream = env.addSource(orderConsumer)
  .map(x =>{
  val a = x.split(",")
  new Order2(a(0), a(1), a(2), a(3).toDouble, a(4), a(5).toLong)
}) .assignTimestampsAndWatermarks ( new BoundedOutOfOrdernessTimestamp-
Extractor[Order2](Time.seconds(10)){
  override def extractTimestamp(element:Order2):Long= element.time
})
  .keyBy(_.addrId)
  val addressStream = env.addSource(addressConsumer)
  .map(x =>{
  val a = x.split(",")
  new Address(a(0), a(1), a(2), a(3).toLong)
}) .assignTimestampsAndWatermarks ( new BoundedOutOfOrdernessTimestamp-
Extractor[Address](Time.seconds(10)){
  override def extractTimestamp(element:Address):Long= element.time
}).keyBy(_.addrId)
  orderStream.intervalJoin(addressStream)
  .between(Time.seconds(1),Time.seconds(5))
  .process(new ProcessJoinFunction[Order2,Address,RsInfo]{
  override def processElement(left:Order2, right:Address, ctx:ProcessJoinFunc-
tion[Order2,Address,RsInfo]#Context,out:Collector[RsInfo]):Unit={
    println("===在这里得到相同 key 的两条数据===")
    println("left:" + left)
    println("right:" + right)
}
})
  env.execute()
}
}
```

topic1 生产数据：

```
order01,userId01,gds01,100,addrId01,1573054200000
```

topic2 生产数据：

```
addrId01,userId01,beijing,1573054203000
```

由于满足时间范围的条件，得到结果：

```
left:Order(order01,userId01,gds01,100.0,addrId01,1573054200000)
right:Address(addrId01,userId01,beijing,1573054203000)
```

但是如果 topic2 接着生产数据：

```
addrId01,userId01,beijing,1573054206000
```

则此时 addressStream. time+5>orderStream. time ，没有结果输出。

下面从源码角度来理解 interval join 的实现。

1）interval join 首先会将两个 KeyedStream 进行 connect 操作得到一个 ConnectedStream。ConnectedStream 表示的是连接两个数据流，并且这两个数据流之前可以实现状态共享，对于 interval join 来说就是两个流中相同 key 的数据可以相互访问。

2）在 ConnectedStream 上进行 IntervalJoinOperator 操作，该算子是 interval join 的核心，接下来分析一下它的实现过程。

a）定义了两个 MapState<Long, List<BufferEntry<T1>>>类型的状态对象，用来存储两个流的数据，其中，Long 对应数据的时间戳，List<BufferEntry<T1>>对应相同时间戳的数据。

b）包含 processElement1( )、processElement2( )两个方法，这两个方法都会调用 processElement( )方法，这是真正处理数据的地方。

3）判断延时，数据时间小于当前的 watermark 值则认为数据延时，不做处理。

4）将数据添加到对应的 MapState<Long, List<BufferEntry<T1>>>缓存状态中，key 为数据时间。

5）循环遍历另外一个状态，如果满足 ourTimestamp + relativeLowerBound <=timestamp<= ourTimestamp + relativeUpperBound ，则将数据输出给 ProcessJoinFunction 调用，ourTimestamp 表示流入的数据时间，timestamp 表示对应 join 的数据时间。

6）注册一个数据清理时间方法，会调用 onEventTime( )方法清理对应的状态数据。例子中 orderStream 比 addressStream 早到 1~5 秒，那么 orderStream 的数据清理时间就是 5 秒之后，也就是 orderStream. time+5，当 watermark 大于该时间就需要清理，对于 addressStream 来说，晚来的数据不需要等待，当 watermark 大于数据时间时就可以清理掉。

整个处理逻辑都是基于数据时间的，也就是说 interval join 必须基于 EventTime 语义，在 between 中要做 TimeCharacteristic 是否为 EventTime 的校验，如果不是则抛出异常。

6. 2. 3　SQL 实现连接操作

SQL 是开发人员与数据分析师必备的技能，在 Flink 中也能以 SQL 方式完成任务，从而降低开发运维成本。

SQL 中的 join 可以分为两类：Global Join、Time-windowed Join。Global Join 表示全局 join，也可以称为无限流 join，由于没有时间限制，任何时候流入的数据都可以被关联上，支持 inner join、left join、right join、full join，语法遵循 ANSI SQL。使用方式如下。

```
SELECT * FROM Orders INNER/LEFT/RIGHT/FULL JOIN Product ON Orders.productId =
Product.id
```

Time-windowed Join 即基于时间窗口的 join，流表的数据关联必须在一定的时间范围内，同样支持 inner join、left join、right join、full join，但其条件中有时间属性条件。它有以下几种使用方式。

```
ltime= rtime
ltime>= rtime AND ltime < rtime + INTERVAL '10' MINUTE
ltime BETWEEN rtime- INTERVAL '10' SECOND AND rtime + INTERVAL '5' SECOND
```

其中，ltime、rtime 表示流表的时间属性字段。

其实 Time-windowed Join 与 interval join 机制使用了相同的实现方式，不同的是：

1）Time-windowed Join 即支持 EventTime，也支持 ProcessingTime。

2）interval join 只支持 inner join，Time-windowed Join 支持多种类型 join。

以上一小节的 Flink interval join 订单数据流与地址数据流为例，SQL 实现如下。

```
select o.userId,a.addrId from orders o left join address a on o.addrId=a.addrId
and o.rtt BETWEEN a.rt - INTERVAL '5' SECOND AND a.rt - INTERVAL '1' SECOND
```

Global Join 能够连接任何时刻的数据，因为状态中保存了两个流表的所有数据，默认情况下这些数据不会过期。两个流表是持续输入的，待数日或者数月之后，状态数据会很多，而很多时候数据关联具有时效性，例如只要求当天数据关联即可，那么这种方式会对内存或者磁盘造成不必要的浪费。这时可以设置状态 ttl，到达过期时间时能够自动清除数据。DataStream API 可以通过 StateTtlConfig 来设置状态的 ttl，但是 SQL 方式无法通过这种方式设置，所以 Flink 提供了 Idle State Retention Time（空闲状态的保留时间），通过配置 StreamQueryConfig 来设置 ttl，并且只能按照 Processing Time 来清理数据，当数据未被读写的时间达到 ttl 时就会被自动清除。先看下其使用方式。

```
val config = tabEnv.queryConfig.withIdleStateRetentionTime (Time.minutes (1),
Time.minutes(6))
tabEnv.sqlUpdate('"',config)
tabEnv.sqlQuery("",config)
tab.writeToSink(sink,config)
```

withIdleStateRetentionTime( )方法中，minTime 和 maxTime 分别表示空闲保留最小和最大时间，但是必须满足 maxTime-minTime>=5 分钟。

初始默认的数据 ttl = curProcessTime（数据流入当前系统的时间）+maxRetentionTime（maxTime），之后每有相同的数据流入，只要满足 curProcessTime + minRetentionTime > oldExpiredTime（上一次设置 ttl 的时间），就将其 ttl 设置为 curProcessTime + maxRetentionTime。

另外还有两点需注意：①Idle State Retention Time 不是全局有效的，需要在每一次使用 sqlUpdate( )/sqlQuery( )时单独设置；②数据定时清理同样是依赖 Flink 定时机制，会将定时数据存储在内存状态中，将对内存造成比较大的压力，可以选择 RocksDB 来代替内存作为 StateBackend。

6.3　本章小结

本章主要介绍了 Flink 中如何实现对数据的去重操作以及对流的 join 操作。实际工作中经常需要通过去重对数据进行统计，熟练掌握几种常见的去重方法是必需的。

本章也讲解了 Flink 中的各种 join 操作，包括 interval join、SQL join、CoGroup，这些都是常用操作方法。

扫一扫观看串讲视频

第 **7** 章

Flink 中 的 复 杂 事 件 处 理 （CEP） 机制

到此为止，Flink 中的一些基本功能都讲解过了，Flink 还有一个更高级的功能，即复杂事件处理（Complex Event Processing，CEP），通过 CEP 可以轻松地发现各种满足规则的数据。

7.1　CEP 简介

　　CEP 是 Flink 专门为用户提供的一个基于复杂事件监测处理的库，它通过对一个或多个由简单事件构成的事件流进行规则匹配，输出用户想要的数据，得到满足规则的复杂事件。图 7-1 所示为 Flink 中的 CEP 机制。

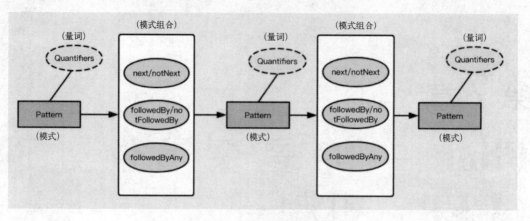

●图 7-1　Flink 中的 CEP 机制

　　CEP 的目标是从有序的简单事件流中发现一些高阶特征，输入是一个或多个由简单事件构成的事件流，它能识别简单事件之间的内在联系，将多个符合指定规则的简单事件构成复杂事件，即它的输出是满足规则的复杂事件。

　　这种复杂事件检测机制如图 7-2 所示。

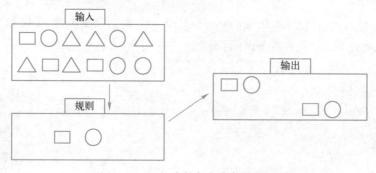

●图 7-2　Flink 中的复杂事件检测机制

7.2　CEP 中的模式

　　在 CEP 中，处理事件的规则叫作"模式（pattern）"。Flink 中提供了 Pattern API，用于对输入流数据进行复杂事件规则定义，提取符合规则的事件序列。示例代码如下。

```
//获取数据输入流
val input: DataStream[Event] = ...
//定义匹配模式 pattern
val pattern = Pattern.begin[Event]("start").where (_.getId == 42)
  .next ("middle").subtype (classOf[SubEvent]).where (_.getVolume >= 10.0)
  .followedBy ("end").where (_.getName == "end")


  //将创建好的 pattern 应用到输入事件流上
val patternStream = CEP.pattern (input, pattern)
//获取事件序列，得到处理后的结果
val result: DataStream[Alert] = patternStream.select (createAlert (_))
```

每个复杂模式序列都是由多个简单模式组成的，简单模式就是寻找具有相同属性的单个事件的模式，可以先定义一些简单模式，然后组合成复杂的序列模式。模式序列可以视为此类模式的结构图，基于用户指定的条件从一个模式转换到下一个模式，例如，event.getName( ).equals("start")匹配的是一系列输入事件，通过一系列有效的模式转换访问复杂模式图中的所有模式。注意每个模式必须具有唯一的名称，以便后续使用该名称来标识匹配的事件。模式名称中不能包含字符"："。

下面首先介绍如何定义单个模式，然后介绍如何将各个模式组合到复杂模式中。

7.2.1 个体模式（Individual Pattern）

个体模式可以是单例模式或循环模式。单例模式接收单个事件，而循环模式可以接收多个事件。默认情况下，模式是单例模式，使用量词（Quantifier）可以将其转换为循环模式。每个模式可以有一个或多个条件，基于条件来接收事件。

量词：指次数，在 CEP 中，通过量词来控制次数。

在 Flink CEP 中，可以使用以下方法指定循环模式：

- pattern. oneOrMore( )：用于期望一个或多个事件发生的模式。
- pattern. times(#ofTimes)：用于期望特定类型事件的特定出现次数的模式。
- pattern. times(#fromTimes, #toTimes)：用于期望特定最小出现次数和给定类型事件的最大出现次数的模式。

使用 pattern. greedy( )方法可以使循环模式变得贪婪，但不能使组合模式变得贪婪。使用 pattern. optional( )方法可以创建所有模式，指定循环与否。

对于命名的模式 start，以下是有效的量词。

```
//匹配出现 4 次
start.times (4)


//匹配出现 4 次或 0 次
start.times (4).optional ()
```

```
//匹配出现 2~4 次
start.times (2,4)

//匹配出现 2~4 次,并且期望重复次数越多越好
start.times (2,4).greedy ()

//匹配出现 0 次、2 次、3 次或者 4 次
start.times (2,4).optional ()

//匹配出现 0 次、2 次、3 次或者 4 次,并且出现次数越多越好
start.times (2,4).optional ().greedy ()

//匹配出现 1 次或者多次
start.oneOrMore ()

//匹配出现 1 次或者多次,并且重复出现次数越多越好
start.oneOrMore ().greedy ()

//匹配出现 0 次或多次
start.oneOrMore ().optional ()

//匹配出现 0 次或多次,并且重复出现次数越多越好
start.oneOrMore ().optional ().greedy ()

//匹配出现 2 次或多次
start.timesOrMore (2)

//匹配出现 2 次或者多次,并且重复次数越多越好
start.timesOrMore (2).greedy ()

//匹配出现 0 次或 2 次,并且出现次数越多越好
start.timesOrMore (2).optional ()

//匹配出现 0 次或 2 次,并且出现次数越多越好,且重复出现越多越好
start.timesOrMore (2).optional ().greedy ()
```

对于每个模式,可以指定传入事件必须满足的条件,以便接收到模式中,例如,其值应大于 5,或大于先前接收事件的平均值。还可以通过 pattern. where( )、pattern. or( )或 pattern. until( )方法指定条件,这些可以是 IterativeCondition 或 SimpleCondition。

迭代条件:常见的条件类型之一,可以指定条件基于先前接收的事件属性或其子集的统计信息来接收后续事件。

下面是迭代条件的代码,如果名称以"foo"开头,则接收名为"middle"的模式的下

一个事件, 并且该模式先前接收事件的价格总和加上当前事件的价格不能超过 5.0。迭代条件功能强大, 特别是与循环模式结合使用时, 例如与 oneOrMore( )结合。

```
middle.oneOrMore ()
.subtype (classOf[SubEvent])
.where (
    (value, ctx) => {
        lazy val sum= ctx.getEventsForPattern ("middle").map (_.getPrice).sum
        value.getName.startsWith ("foo") && sum + value.getPrice < 5.0
    }
)
```

注意:

调用 ctx. getEventsForPattern( )可以查找满足给定条件的所有先前接收的事件。此算子的操作成本可能会有所不同, 因此在实施条件时, 应尽量减少其使用。

简单条件: 此类条件扩展了上述 IterativeCondition 类, 并仅基于事件本身的属性决定是否接收事件。

```
start.where (event => event.getName.startsWith ("foo"))
```

最后, 还可以通过 pattern. subtype (subClass) 方法将接收事件的类型限制为初始事件类型的子类型。

```
start.subtype (classOf[SubEvent]).where (subEvent =>... /* some condition */)
```

组合条件: 如上所示, 可以将 subtype 条件与其他条件组合。这适用于所有条件, 最终结果是各个条件结果的逻辑与。要使用逻辑或组合条件, 可以使用 or( )方法, 如下所示。

```
pattern.where (event =>... /* some condition */).or (event =>... /* or condi-
tion */)
```

停止条件: 在循环模式 (oneOrMore( )和 oneOrMore( ). optional( )) 下, 还可以指定停止条件, 例如, 接收值大于 5 的事件, 直到值的总和小于 50。

为了更好地理解它, 再看下面的示例。

- 模式 "(a+ until b)" (一个或多个 "a" 直到 "b")。
- 一系列传入事件 a1、c、a2、b、a3。
- 该库将输出结果: {a1 a2} {a1} {a2} {a3}。

由于停止条件, 可以看到 {a1 a2 a3} 和 {a2 a3} 未返回。

7.2.2 组合模式 (Combining Pattern)

多个个体模式组合起来就形成了一个组合模式, 即模式序列, 模式序列必须以初始模式开始, 如下所示。

```
val start: Pattern[Event, _] = Pattern.begin ("start")
```

接下来可以通过指定个体模式之间所需的连续条件，为组合添加更多模式。Flink CEP
支持事件之间以下形式的邻接，如图7-3所示，包括较严格和较宽松的近邻模式。

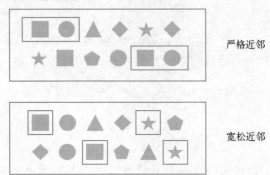

● 图 7-3　Flink 中的严格和宽松近邻

1）严格连续性：所有匹配事件一个接一个地出现，中间没有任何不匹配的事件。

2）宽松连续性：忽略匹配事件之间出现的不匹配事件。

3）非确定性宽松连续性：进一步放宽连续性，允许忽略某些匹配事件的其他匹配。
要在连续模式之间应用它们，可以使用以下方法。

● next( )：严格连续性。

● followedBy( )：宽松连续性。

● followedByAny( )：非确定性宽松连续性。

对于非确定性宽松连续性，还可以使用：

● notNext( )：不希望事件类型直接跟随另一个事件类型。

● notFollowedBy( )：不希望事件类型在两个其他事件类型之间的任何位置。

注意：

模式序列无法结束 notFollowedBy( )。

示例代码：

```
//严格连续性
val strict: Pattern[Event, _] = start.next ("middle").where (...)

//宽松连续性
val relaxed: Pattern[Event, _] = start.followedBy ("middle").where (...)

//非确定性宽松连续性
val nonDetermin: Pattern[Event, _] = start.followedByAny ("middle").where (...)

//宽松连续性 NOT 模式
```

```
val strictNot: Pattern[Event, _] = start.notNext ("not").where (...)
```

```
// 宽松连续性 NOT 模式
val relaxedNot: Pattern[Event, _] = start.notFollowedBy ("not").where (...)
```

宽松的连续性意味着仅匹配第一个匹配事件，而具有非确定性的宽松连续性，将针对同一开始发出多个匹配。例如，对模式"a b"给定事件序列"a""c""b1""b2"，将得到以下结果。

1）"a"和"b"之间的严格连续性：{}（不匹配），"a"之后的"c"导致"a"被丢弃。

2）"a"和"b"之间的宽松连续性：{a b1}，因为宽松的连续性被视为"跳过非匹配事件直接到下一个匹配事件"。

3）"a"和"b"之间的非确定性宽松连续性：{a b1}，{a b2}，因为这是最普遍的形式。

也可以为模式定义时间约束以使其有效。例如，可以通过 pattern. within( ) 方法定义模式应在 10 秒内发生。处理和事件时间都支持时间模式。

```
next.within(Time.seconds(10))
```

注意：

模式序列只能有一个时间约束。如果在不同的单独模式上定义了多个这样的约束，则应用最小的约束。

循环模式中可以应用上一节讨论的连续条件，连续性将应用于接收到这种模式中的数据元之间。例如，对一个模式序列"a b+ c"（"a"后跟一个或多个"b"的任何非确定性宽松序列，然后跟"c"）输入"a""b1""d1""b2""d2""b3""c"，将得到以下结果。

1）严格连续性：{a b3 c}，"b1"之后的"d1"导致"b1"被丢弃，"b2"因"d2"而发生同样的情况。

2）宽松连续性：{a b1 c}，{a b1 b2 c}，{a b1 b2 b3 c}，{a b2 c}，{a b2 b3 c}，{a b3 c}。"d"被忽略。

3）非确定性宽松连续性：{a b1 c}，{a b1 b2 c}，{a b1 b3 c}，{a b1 b2 b3 c}，{a b2 c}，{a b2 b3 c}，{a b3 c}。注意 {a b1 b3 c}，这是"b项之间宽松连续性的结果。

对于循环模式（如 oneOrMore( ) 和 times( )），默认是宽松的连续性。如果想要严格的连续性，则必须使用 consecutive( ) 呼叫来指定，如果想要非确定性的宽松连续性，则可以使用 allowCombinations( ) 呼叫。

7. 2. 3　模式组（Group of Patterns）

将一个模式序列作为条件嵌套在个体模式里就得到一个模式组。

示例代码如下。

```scala
val start: Pattern[Event, _] = Pattern.begin (
    Pattern.begin [Event] ("start").where (...).followedBy ("start_middle")
.where (...)
)

//严格连续性
val strict: Pattern[Event, _] = start.next (
    Pattern.begin[Event]("next_start").where (...).followedBy ("next_middle")
.where (...)
).times (3)

//宽松连续性
val relaxed: Pattern[Event, _] = start.followedBy (
    Pattern.begin [Event] ("followedby_start").where (...).followedBy ("fol-
lowedby_middle").where (...)
).oneOrMore ()

//非确定性宽松连续性
val nonDetermin: Pattern[Event, _] = start.followedByAny (
    Pattern.begin[Event]("followedbyany_start").where (...).followedBy ("fol-
lowedbyany_middle").where (...)
).optional ()
```

所谓匹配跳过策略，是对多个成功匹配的模式进行筛选，也就是说多个模式匹配成功时，可以按照匹配策略对它们进行过滤。

对于给定模式，可以将同一事件分配给多个成功匹配。要控制分配事件的匹配数，需要指定名为 AfterMatchSkipStrategy 的跳过策略。跳过策略有四种类型，如下所示。

1）NO_SKIP：每个可能的匹配都被触发。

2）SKIP_PAST_LAST_EVENT：丢弃匹配开始后、结束前的每个部分匹配。

3）SKIP_TO_FIRST：丢弃在匹配开始后但在 PatternName 的第一个事件发生之前开始的每个部分匹配。

4）SKIP_TO_LAST：丢弃在匹配开始后但在 PatternName 发生的最后一个事件之前开始的每个部分匹配。

7.3 CEP 综合案例

前面介绍了 CEP 的几种模式，接下来通过几个案例实战 Flink 中的 CEP 编程。

7.3.1 用户 IP 变换报警

操作某些银行 APP 的时候, 如果上一个操作与下一个操作的 IP 变换了 (例如, 上一个操作使用 4G 网络, 下一个操作使用 WiFi, IP 就会变换), APP 就会要求重新登录, 避免由于 IP 变换产生的风险。

从 Socket 中得到数据源。

```
192.168.52.100,zhubajie,https://icbc.com.cn/login.html,2020-02-12 12:23:45
192.168.54.172,tangseng,https://icbc.com.cn/login.html,2020-02-12 12:23:46
192.168.145.77,sunwukong,https://icbc.com.cn/login.html,2020-02-12 12:23:47
192.168.52.100,zhubajie,https:// icbc.com.cn / transfer.html,2020 - 02 - 12 12:
23:47
192.168.54.172,tangseng,https:// icbc.com.cn / transfer.html,2020 - 02 - 12 12:
23:48
192.168.145.77,sunwukong,https:// icbc.com.cn / transfer.html,2020 - 02 - 12 12:
23:49
192.168.145.77,sunwukong,https://icbc.com.cn/save.html,2020-02-12 12:23:52
192.168.52.100,zhubajie,https://icbc.com.cn/save.html,2020-02-12 12:23:53
192.168.54.172,tangseng,https://icbc.com.cn/save.html,2020-02-12 12:23:54
192.168.54.172,tangseng,https://icbc.com.cn/buy.html,2020-02-12 12:23:57
192.168.145.77,sunwukong,https://icbc.com.cn/buy.html,2020-02-12 12:23:58
192.168.52.100,zhubajie,https://icbc.com.cn/buy.html,2020-02-12 12:23:59
192.168.44.110,zhubajie,https://icbc.com.cn/pay.html,2020-02-12 12:24:03
192.168.38.135,tangseng,https://icbc.com.cn/pay.html,2020-02-12 12:24:04
192.168.89.189,sunwukong,https://icbc.com.cn/pay.html,2020-02-12 12:24:05
192.168.44.110,zhubajie,https://icbc.com.cn/login.html,2020-02-12 12:24:04
192.168.38.135,tangseng,https://icbc.com.cn/login.html,2020-02-12 12:24:08
192.168.89.189,sunwukong,https://icbc.com.cn/login.html,2020-02-12 12:24:07
192.168.38.135,tangseng,https://icbc.com.cn/pay.html,2020-02-12 12:24:10
192.168.44.110,zhubajie,https://icbc.com.cn/pay.html,2020-02-12 12:24:06
192.168.89.189,sunwukong,https://icbc.com.cn/pay.html,2020-02-12 12:24:09
192.168.38.135,tangseng,https://icbc.com.cn/pay.html,2020-02-12 12:24:13
192.168.44.110,zhubajie,https://icbc.com.cn/pay.html,2020-02-12 12:24:12
192.168.89.189,sunwukong,https://icbc.com.cn/pay.html,2020-02-12 12:24:15
```

使用 CEP 编程来实现风险报警。

1) 导入 jar 包。

```xml
<!-- https://mvnrepository.com/artifact/org.apache.flink/flink-cep-scala -->
<dependency>
    <groupId>org.apache.flink</groupId>
    <artifactId>flink-cep-scala_2.11</artifactId>
```

```
    <version>1.9.2</version>
</dependency>
```

2）代码实现。

```
import java.util

import org.apache.commons.lang3.time.FastDateFormat
import org.apache.flink.cep.PatternSelectFunction
import org.apache.flink.cep.pattern.conditions.IterativeCondition
import org.apache.flink.cep.scala.pattern.Pattern
import org.apache.flink.cep.scala.{CEP, PatternStream}
import
org.apache.flink.streaming.api.functions.timestamps
.BoundedOutOfOrdernessTimestampExtractor
import org.apache.flink.streaming.api.scala.{DataStream, KeyedStream, Stre-
amExecutionEnvironment}
import org.apache.flink.streaming.api.windowing.time.Time

import scala.collection.JavaConverters._
import scala.collection.mutable

object LoginCheckWithCEP {
  private val format: FastDateFormat = FastDateFormat.getInstance("yyy-MM-dd
HH:mm:ss")


  def main(args: Array[String]): Unit = {
    val environment: StreamExecutionEnvironment = StreamExecutionEnviron-
ment.getExecutionEnvironment
    import org.apache.flink.api.scala._
    val sourceStream: DataStream[String] = environment.socketTextStream("
node01",9999)
    val result: KeyedStream[(String, UserLogin), String] = sourceStream.map(x => {
      val strings: Array[String] = x.split(",")
      (strings(1), UserLogin(strings(0), strings(1), strings(2), strings(3)))
      }).assignTimestampsAndWatermarks(new BoundedOutOfOrdernessTimes-
tampExtractor[(String, UserLogin)](Time.seconds(5)) {
      override def extractTimestamp(element: (String, UserLogin)): Long = {
        element._2.time
        val time: Long = format.parse(element._2.time).getTime
        time
      }
```

```
    }).keyBy(x => x._1)

    val pattern: Pattern[(String, UserLogin), (String, UserLogin)] = Pattern
      .begin[(String, UserLogin)]("begin")
      .where(x => {
        x._2.username != null
      }).next("second")
      .where(new IterativeCondition[(String,UserLogin)]{
        override def filter(value: (String, UserLogin), ctx: IterativeCondi-
tion.Context[(String, UserLogin)]): Boolean = {
          var flag:Boolean = false
              val firstValues: util.Iterator [(String, UserLogin)] =
ctx.getEventsForPattern("begin").iterator()
          while(firstValues.hasNext){
            val tuple: (String, UserLogin) = firstValues.next()
            if(!tuple._2.ip.equals(value._2.ip)){
              flag = true
            }
          }
          flag
        }
      })
      .within(Time.seconds(120))
    val patternStream: PatternStream [(String, UserLogin)] = CEP.pattern
(result, pattern)
  patternStream.select(new CEPatternFunction).print()
    environment.execute()
  }

}

class CEPatternFunction extends PatternSelectFunction [(String, UserLogin),
(String,UserLogin)]{
  override def select(map: util.Map[String, util.List [(String, UserLogin)]]):
(String, UserLogin) = {
    val iter = map.get("begin").iterator()
  val tuple: (String, UserLogin) = map.get("second").iterator().next()
    val scalaIterable: Iterable[util.List [(String, UserLogin)]] = map.values
().asScala
    for(eachIterable <- scalaIterable){
      if(eachIterable.size() > 0){
        val scalaListBuffer: mutable.Buffer[(String, UserLogin)] = eachIter-
```

```
able.asScala
      for(eachTuple <- scalaListBuffer){
      //println(eachTuple._2.operateUrl)
       }
     }
   tuple
  }
}
```

7.3.2　高温预警

现在工厂中有大量的传感设备，用于监测机器中的各种指标，如温度、湿度、气压等，并实时上报数据到数据中心。现在需要监测某一个传感器上报的温度数据是否发生异常。

异常的定义：3分钟内出现3次及3次以上温度高于40℃的情况。

收集数据如下：传感设备MAC地址、机器MAC地址、温度、湿度、气压及数据产生时间。

```
00-34-5E-5F-89-A4,00-01-6C-06-A6-29,38,0.52,1.1,2020-03-02 12:20:32
00-34-5E-5F-89-A4,00-01-6C-06-A6-29,47,0.48,1.1,2020-03-02 12:20:35
00-34-5E-5F-89-A4,00-01-6C-06-A6-29,50,0.48,1.1,2020-03-02 12:20:38
00-34-5E-5F-89-A4,00-01-6C-06-A6-29,31,0.48,1.1,2020-03-02 12:20:39
00-34-5E-5F-89-A4,00-01-6C-06-A6-29,52,0.48,1.1,2020-03-02 12:20:41
00-34-5E-5F-89-A4,00-01-6C-06-A6-29,53,0.48,1.1,2020-03-02 12:20:43
00-34-5E-5F-89-A4,00-01-6C-06-A6-29,55,0.48,1.1,2020-03-02 12:20:45
```

实现代码如下。

```
import java.util

import org.apache.commons.lang3.time.FastDateFormat
import org.apache.flink.cep.PatternSelectFunction
import org.apache.flink.cep.scala.pattern.Pattern
import org.apache.flink.cep.scala.{CEP, PatternStream}
import org.apache.flink.streaming.api.TimeCharacteristic
import org.apache.flink.streaming.api.scala.{DataStream, KeyedStream, Stre-
amExecutionEnvironment}
import org.apache.flink.streaming.api.windowing.time.Time

//定义温度信息 POJO
case class DeviceDetail (sensorMac: String, deviceMac: String, temperature:
String,dampness:String,pressure:String,date:String)
```

```scala
case class AlarmDevice(sensorMac:String,deviceMac:String,temperature:String)

object FlinkTempeatureCEP {
  private val format: FastDateFormat = FastDateFormat.getInstance("yyy-MM-dd
HH:mm:ss")

  def main(args: Array[String]): Unit = {
    val environment: StreamExecutionEnvironment = StreamExecutionEnviron-
ment.getExecutionEnvironment
    environment.setStreamTimeCharacteristic(TimeCharacteristic.EventTime)
    environment.setParallelism(1)
    import org.apache.flink.api.scala._
    val sourceStream: DataStream[String] = environment.socketTextStream("
node01",9999)

    val deviceStream: KeyedStream[DeviceDetail, String] = sourceStream.map(x => {
      val strings: Array[String] = x.split(",")
      DeviceDetail(strings(0), strings(1), strings(2), strings(3), strings(4),
strings(5))
    }).assignAscendingTimestamps(x =>{
      format.parse(x.date).getTime
    }).keyBy(x => x.sensorMac)


    val pattern: Pattern[DeviceDetail, DeviceDetail] = Pattern.begin[DeviceDe-
tail]("start")
      .where(x => x.temperature.toInt >= 40)
      .followedByAny("follow")
      .where(x => x.temperature.toInt >= 40)
      .followedByAny("third")
      .where(x => x.temperature.toInt >= 40)
      .within(Time.minutes(3))

    val patternResult: PatternStream[DeviceDetail] = CEP.pattern
(deviceStream,pattern)
    patternResult.select(new MyPatternResultFunction).print()
    environment.execute("startTempeature")
  }
}
class MyPatternResultFunction extends PatternSelectFunction[DeviceDetail,
AlarmDevice]{
  override def select(pattern: util.Map[String, util.List[DeviceDetail]]):
```

```
AlarmDevice = {
    val startDetails: util.List[DeviceDetail] = pattern.get("start")
    val followDetails: util.List[DeviceDetail] = pattern.get("follow")
    val thirdDetails: util.List[DeviceDetail] = pattern.get("third")

    val startResult: DeviceDetail = startDetails.listIterator().next()
    val followResult: DeviceDetail = followDetails.iterator().next()
    val thirdResult: DeviceDetail = thirdDetails.iterator().next()

    println("第一条数据"+startResult)
    println("第二条数据"+followResult)
    println("第三条数据"+thirdResult)
        AlarmDevice    ( thirdResult.sensorMac,    thirdResult.deviceMac,
thirdResult.temperature)
    }
}
```

7.3.3　支付超时监控

电商系统中经常会发现有些订单下单之后没有支付，就会有一个倒计时，提示用户在15分钟之内完成支付，如果没有及时完成，该订单就会被取消。

功能需求：创建订单后15分钟之内一定要付款，否则就取消订单。

订单数据包括订单编号、订单状态、订单创建时间、订单金额。订单状态包括①创建订单，等待支付；②完成订单支付；③取消订单，申请退款；④已发货；⑤确认收货，订单完成。

```
20160728001511050311389390,1,2016-07-28 00:15:11,295
20160801000227050311955990,1,2016-07-28 00:16:12,165
20160728001511050311389390,2,2016-07-28 00:18:11,295
20160801000227050311955990,2,2016-07-28 00:18:12,165
20160728001511050311389390,3,2016-07-29 08:06:11,295
20160801000227050311955990,4,2016-07-29 12:21:12,165
20160804114043050311618457,1,2016-07-30 00:16:15,132
20160801000227050311955990,5,2016-07-30 18:13:24,165
```

判断规则：出现创建订单标识之后，需要在15分钟之内出现订单支付操作，中间允许有其他操作。

实现代码如下。

```
import java.util

import org.apache.commons.lang3.time.FastDateFormat
import org.apache.flink.cep.{PatternSelectFunction, PatternTimeoutFunction}
```

```scala
import org.apache.flink.cep.scala.{CEP, PatternStream}
import org.apache.flink.cep.scala.pattern.Pattern
import org.apache.flink.streaming.api.TimeCharacteristic
import
org.apache.flink.streaming.api.functions.timestamps
.BoundedOutOfOrdernessTimestampExtractor
import org.apache.flink.streaming.api.scala.{DataStream, KeyedStream, Output-
Tag, StreamExecutionEnvironment}
import org.apache.flink.streaming.api.windowing.time.Time

case class OrderDetail(orderId:String,status:String,orderCreateTime:String,
price :Double)

object OrderTimeOutCheckCEP {
  private val format: FastDateFormat = FastDateFormat.getInstance("yyy-MM-dd
HH:mm:ss")

  def main(args: Array[String]): Unit = {

    val environment: StreamExecutionEnvironment = StreamExecutionEnviron-
ment.getExecutionEnvironment
    environment.setStreamTimeCharacteristic(TimeCharacteristic.EventTime)
    environment.setParallelism(1)
    import org.apache.flink.api.scala._
    val sourceStream: DataStream [String] = environment.socketTextStream ("
node01",9999)

    val keyedStream: KeyedStream[OrderDetail, String] = sourceStream.map(x => {
      val strings: Array[String] = x.split(",")
      OrderDetail(strings(0), strings(1), strings(2), strings(3).toDouble)
      }) .assignTimestampsAndWatermarks ( new  BoundedOutOfOrdernessTimes-
tampExtractor[OrderDetail](Time.seconds(5)){
      override def extractTimestamp(element: OrderDetail): Long = {
        format.parse(element.orderCreateTime).getTime
      }
    }).keyBy(x => x.orderId)

      val pattern: Pattern [OrderDetail, OrderDetail] =  Pattern.begin
[OrderDetail]("start")
      .where(order => order.status.equals("1"))
      .followedBy("second")
      .where(x => x.status.equals("2"))
      .within(Time.minutes(15))
```

```scala
    //调用 select 方法,提取事件序列,对超时的事件要做报警提示
    val orderTimeoutOutputTag = new OutputTag[OrderDetail]("orderTimeout")
    val patternStream: PatternStream[OrderDetail] = CEP.pattern(keyedStream,
pattern)
    val selectResultStream: DataStream[OrderDetail] = patternStream
      .select(orderTimeoutOutputTag, new OrderTimeoutPatternFunction, new Or-
derPatternFunction)

    selectResultStream.print()
    //输出流数据(过了 15 分钟还没支付的数据)
    selectResultStream.getSideOutput(orderTimeoutOutputTag).print()
    environment.execute()
  }
}


class    OrderTimeoutPatternFunction    extends    PatternTimeoutFunction
[OrderDetail,OrderDetail]{
  override def timeout(pattern: util.Map[String, util.List[OrderDetail]], time-
outTimestamp: Long): OrderDetail = {
    val detail: OrderDetail = pattern.get("start").iterator().next()
    println("超时订单号为" + detail)
    detail
  }
}


class OrderPatternFunction extends PatternSelectFunction[OrderDetail,OrderDe-
tail]{
  override def select(pattern: util.Map[String, util.List[OrderDetail]]): Orde-
rDetail = {
    val detail: OrderDetail = pattern.get("second").iterator().next()
    println("支付成功的订单为" + detail)
    detail
  }
```

7.4   本章小结

    本章主要介绍了 Flink 中的 CEP 编程，通过 CEP 可以实现强大的规则定义，一旦出现满足规则的数据就会进行相应的处理。CEP 在一些实时风控系统中应用较多，通过定义各种规则就可以进行实时风险控制。

第 8 章

Flink 调优与监控

为了构建稳定的 Flink 应用，就需要进行 Flink 调优
与监控，从而监听任务执行是否正常、系统中的应用是
否正常，以及节约服务器资源，投入最少的服务器、实
现最大化的稳定运行。本章将介绍 Flink 中的指标监控、
背压机制以及内存优化等模块。

8.1 监控指标

提交一个 Flink 任务到集群之后，不管是以 on YARN 模式运行，还是以 standalone 模式运行，都需要对任务进行一定的监控。监控包括两方面的含义：第一层是任务监控，即监控提交的任务是否出错，是否运行失败；第二层就是监控系统指标，包括 CPU 负载、内存使用情况等等。

8.1.1 系统监控指标

如图 8-1 所示，提交任务之后可以在 Web 管理界面查看系统监控页面，页面中包含对正在运行的任务的监控，从中可以清晰地看到一共有多少个正在运行的任务。

Available Task Slots			Running Jobs		
0			**1**		
Total Task Slots 8 Task Managers 1			Finished **0** Canceled **0** Failed **0**		

Running Job List

Job Name	Start Time	Duration	End Time	Tasks	Status
Flink Streaming Job	2020-05-10 20:01:15	1m 58s	-	17 17	RUNNING

Completed Job List

Job Name	Start Time	Duration	End Time	Tasks	Status

●图 8-1   正在运行的任务

在 TaskManager 页面中，可以看到每个 TaskManager 的系统监控指标，如 JVM 内存、slot 的个数、上次的心跳时间、CPU 核数等信息如图 8-2 所示。

Task Managers

Path, ID	Data Port	Last Heartbeat	All Slots	Free Slots	CPU Cores	Physical MEM	JVM Heap Size	Flink Managed MEM
0a3608c7-36a2-442a-8162-a1fdc096db73 akka://flink/user/taskmanager_0	-1	20-05-10 20:05:56	8	0	8	27.9 GB	6.20 GB	4.33 GB

●图 8-2   TaskManager 监控信息

除了管理界面外，也可以通过 RESTAPI 的方式来获取监控信息，例如可以访问 http://hostname:8081/jobmanager/metrics 来获取 TaskManager 的监控信息，得到的结果为以下 JSON 格式的数据。

```
[
{
"id": "Status.JVM.GarbageCollector.PS_MarkSweep.Time"
},
```

```
{
"id": "Status.JVM.Memory.Mapped.TotalCapacity"
},
……
]
```

还有更多的 RESTAPI 查看方式如下所示。

```
/jobmanager/metrics          #JobManager 的监控指标信息
/taskmanagers/<taskmanagerid>/metrics     #某个具体的 TaskManager 的监控指标信息
/jobs/<jobid>/metrics     #某一个任务具体的监控指标信息
/jobs/<jobid>/vertices/<vertexid>/subtasks/<subtaskindex>
                                         #某一个任务顶点的子任务索引信息
/taskmanagers/metrics     #所有的 TaskManager 的监控信息
/jobs/metrics          #所有 Job 任务的监控信息
/jobs/<jobid>/vertices/<vertexid>/subtasks/metrics     #某一个任务顶点的子任务信息
/taskmanagers/metrics?taskmanagers=A,B,C     #某些 TaskManager 的监控任务信息
```

例如，图 8-3 所示为 JobManager 的监控信息查看结果。

Key	Value
local.start-webserver	true
rest.address	localhost
rest.port	8081
taskmanager.memory.size	0
taskmanager.numberOfTaskSlots	8

Configuration　Logs　Stdout

●图 8-3　JobManager 监控信息查看

8.1.2　自定义监控指标

除了系统自带的各种监控指标外，用户还可以自己进行指标注册，即用户可以实现自定义指标的监控，其方法是在程序中继承 RichFunction，然后通过调用 getRuntimeContext( ). getMetricGroup( )来获取 MetricGroup 对象，之后就可以实现自定义指标监控了。目前 Flink 支持对 Counter、Gauge、Histogram 以及 Meter 四种监控指标进行注册和获取。

1. Counter 监控指标

这个指标主要用于计数，例如统计一共消费了多少条数据、一共有多少条异常数据等。可以通过 MetricGroup 来注册 Counter。

```
classMyMapper extends RichMapFunction[String,String] {
  @transient private var counter:Counter = _
```

```scala
override defopen(parameters: Configuration): Unit = {
  counter =getRuntimeContext()
    .getMetricGroup()
    .counter("myCounter")
}

override defmap(value: String): String = {
  counter.inc()
  value
}
}
```

2. Gauge 监控指标

Gauge 可以用于任何类型的数据记录和统计，并且不限制返回的结果类型，例如，可以通过 Gauge 对输入的 Map 函数中的数据进行累加求和。如果想要使用 Gauge 监控指标，就必须实现 org. apache. flink. metrics. Gauge 这个接口。

```scala
new classMyMapper extends RichMapFunction[String,String] {
  @transient private var valueToExpose =0

  override defopen(parameters: Configuration): Unit = {
    getRuntimeContext()
      .getMetricGroup()
      .gauge[Int, ScalaGauge[Int]]("MyGauge", ScalaGauge[Int](() => valueToExpose))
  }

  override defmap(value: String): String = {
    valueToExpose +=1
    value
  }
}
```

3. Histogram 监控指标

Histogram 主要用于计算分布式的 long 类型数据值，可以通过 MetricGroup 来注册 Histogram。

```scala
classMyMapper extends RichMapFunction[Long,Long] {
  @transient private var histogram:Histogram = _

  override defopen(parameters: Configuration): Unit = {
    histogram =getRuntimeContext()
      .getMetricGroup()
```

```
        .histogram("myHistogram", new MyHistogram())
    }

    override defmap(value: Long): Long = {
      histogram.update(value)
      value
    }
}
```

Flink 中没有提供 Histogram 监控指标的默认实现，不过开发程序时可以通过引入一个额外的依赖来使用。首先需要在 pom. xml 中添加以下 jar 包坐标。

```
<dependency>
    <groupId>org.apache.flink</groupId>
    <artifactId>flink-metrics-dropwizard</artifactId>
    <version>1.8.0</version>
</dependency>
```

添加 jar 包坐标之后，就可以自定义和使用 Histogram 了。

```
classMyMapper extends RichMapFunction[Long, Long] {
  @transient private var histogram:Histogram = _

  override defopen(config: Configuration): Unit = {
    com.codahale.metrics.Histogram dropwizardHistogram =
    newcom.codahale.metrics.Histogram(new SlidingWindowReservoir(500))

    histogram =getRuntimeContext()
      .getMetricGroup()
      .histogram("myHistogram", new DropwizardHistogramWrapper(dropwizardHistogram))
  }

  override defmap(value: Long): Long = {
    histogram.update(value)
    value
  }
}
```

4. Meter 监控指标

Meter 主要是为了获取 Flink 任务运行时的一些数据吞吐量而设计的，可用于监控数据的接收以及处理速度。Meter 监控指标也可以通过 MetricGroup 来注册使用。

```
classMyMapper extends RichMapFunction[Long,Long] {
  @transient private var meter:Meter = _

  override defopen(config: Configuration): Unit = {
```

```
    meter =getRuntimeContext()
      .getMetricGroup()
      .meter("myMeter", new MyMeter())
  }

  override defmap(value: Long): Long = {
    meter.markEvent()
    value
  }
}
```

Flink 也提供了 Codahale/DropWizard 的方式来使用 Meter 监控指标，需要在 pom. xml 中添加额外依赖 jar 包坐标。

```
<dependency>
    <groupId>org.apache.flink</groupId>
    <artifactId>flink-metrics-dropwizard</artifactId>
    <version>1.8.0</version>
</dependency>
```

然后就可以注册 Codahale/DropWizard 的 Meter 监控指标了。

```
classMyMapper extends RichMapFunction[Long,Long] {
  @transient private var meter:Meter = _

  override defopen(config: Configuration): Unit = {
    com.codahale.metrics.Meter dropwizardMeter = new com.codahale.metrics.Meter()

    meter =getRuntimeContext()
      .getMetricGroup()
      .meter("myMeter", new DropwizardMeterWrapper(dropwizardMeter))
  }

  override defmap(value: Long): Long = {
    meter.markEvent()
    value
  }
}
```

8.2　反压机制与监控

任何一个流式处理的框架都应该考虑到反压机制，例如 SparkStreaming 中也有反压机制，同样地，在 Flink 中也有反压机制。通过反压机制可以对数据的处理进行预警，及时判断生产数据的速度是否远远大于数据处理数据的速度而导致数据积压，以便及时采取应对策略，提高数据的处理速度。

8.2.1　反压线程采样

反压监控程序通过线程循环进行数据抽样，来对数据的处理速度加以监控。JobManager 的触发器循环调用 Thread. getStackTrace ( ) 来为 Job 获取反压监控数据，图 8-4 所示就是 Flink 中反压线程采样的过程。

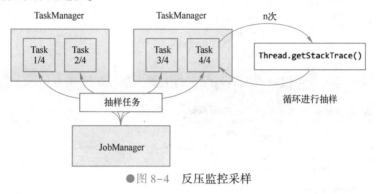

●图 8-4　反压监控采样

8.2.2　反压线程配置

可以通过配置采样的线程数来实现采样数据监控的获取，主要有以下配置。
- web. backpressure. refresh-interval：抽样采集的监控数据刷新时间，默认为 60000 毫秒，也就是 1 分钟，可以根据需求调整采集数据的保存时长。
- web. backpressure. num-samples：用来确定背压的堆栈跟踪样本数量，默认为 100。
- web. backpressure. delay-between-samples：堆栈数据与采样数据之间的延迟时间，可用于确定反压数据延迟时间，默认是 50 毫秒。

可以通过浏览器来查看数据的反压延迟是否比较严重。图 8-5 所示的程序反压延迟已经比较严重了，需要马上提升 Flink 的数据处理速度。

●图 8-5　反压延迟情况查看

8.3　checkpoint 监控

Flink 的 Web 界面提供关于 checkpoint 的监控，这些监控状态在 Job 结束之后依然可以进行查看。主要由四个选项卡提供 checkpoint 的监控信息：OverView、History、Summary 以及 Configuration。

1. Overview

通过 Overview 选项卡可以查看 checkpoint 的主要信息，如图 8-6 所示。

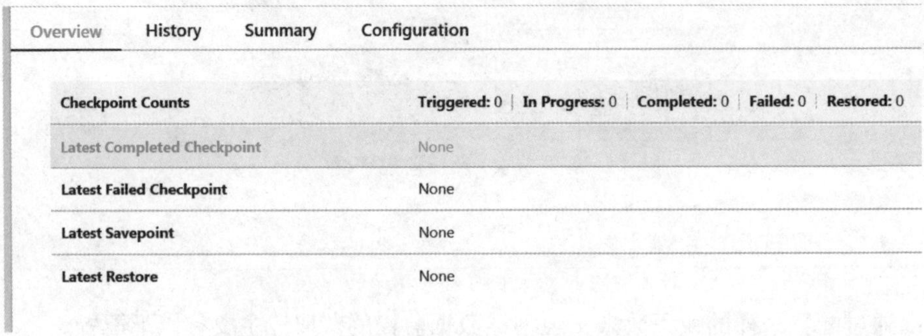

Overview	History	Summary	Configuration				
Checkpoint Counts			Triggered: 0	In Progress: 0	Completed: 0	Failed: 0	Restored: 0
Latest Completed Checkpoint			None				
Latest Failed Checkpoint			None				
Latest Savepoint			None				
Latest Restore			None				

●图 8-6　Overview 选项卡

2. History

History 选项卡中记录了触发 checkpoint 的历史详情，包括 checkpoint 的 id、装填、触发时间以及最后一次 Acknowledgement 等信息。

3. Summary

Summary 选项卡主要记录了 checkpoint 中的最大时间值、最小时间值、平均时间值，以及每次 checkpoint 保存的状态大小。

4. Configuration

Configuration 选项卡中主要可以查看 checkpoint 的基础属性配置等信息，如图 8-7 所示。

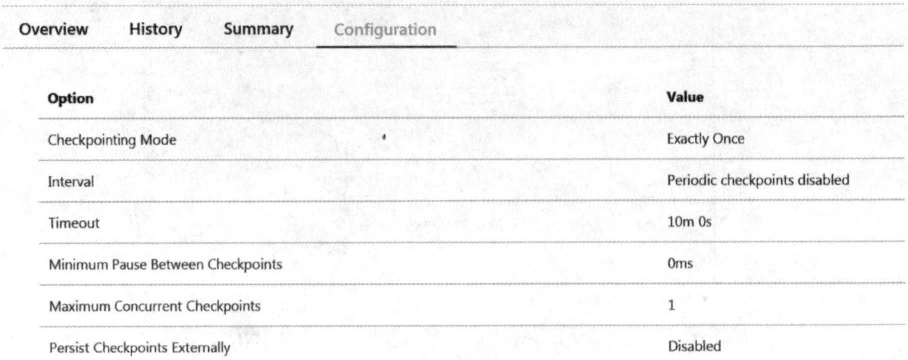

Overview	History	Summary	Configuration
Option			**Value**
Checkpointing Mode		·	Exactly Once
Interval			Periodic checkpoints disabled
Timeout			10m 0s
Minimum Pause Between Checkpoints			0ms
Maximum Concurrent Checkpoints			1
Persist Checkpoints Externally			Disabled

●图 8-7　Configuration 选项卡

8.4　checkpoint 调优

前面已经看到开发人员可以对 Flink 中的 checkpoint 进行监控,那么如何确定 checkpoint 是否是状态最佳的,或者说如何对 checkpoint 进行调优呢?默认情况下 Flink 中的 checkpoint 都是同步进行的,也就是说必须等待上一个 checkpoint 完成之后才会进行下一个 checkpoint,这样显然效率是比较低下的。在这种同步情况下,如果 checkpoint 的时间很长,远远大于触发 checkpoint 的间隔时间(例如,每隔 3 秒进行一次 checkpoint,但是每个 checkpoint 都需要 5 秒的时间),那么就会造成 checkpoint 排队等候的情况。如果大量的 checkpoint 都在排队等待,那么必然会消耗很多系统资源,此时就需要对 checkpoint 的操作进行调优。

8.4.1　如何衡量 checkpoint 的速度大小

想要对 Flink 的 checkpoint 操作做调优,首先要有衡量指标来展现当前 checkpoint 的快慢。官方提供了以下两个指标:①checkpoint 每次开始的时间。观察每次 checkpoint 开始的时间是为了检测在相邻 checkpoint 之间是否存在空闲时间。如果存在,说明当前 checkpoint 都在合理时间内完成。②观察数据缓存的量。这个缓存动作是为了等待其他较慢数据流的 barrier(屏障)而设计的,这偏向于 checkpoint 原理化的相关内容,但大体上,用户根据第一个指标就能判断出应用的 checkpoint 快慢了。

8.4.2　相邻 checkpoint 的间隔时间设置

假设一个使用场景,在极大规模状态数据集下,应用每次的 checkpoint 时长都超过系统设定的最大时间(也就是 checkpoint 间隔时长),那么会发生什么事情。

答案是应用会一直做 checkpoint,因为当应用发现它刚刚做完一次 checkpoint 后,已经到下次 checkpoint 的时间了,然后又开始新的 checkpoint,最后就会造成一个很坏的结果:用户应用本身都无法运行了。

当然,这个问题可以通过设置并行 checkpoint 数量,或者说做增量 checkpoint 而非每次都做全量 checkpoint 来实现,每次只检出对前一次 checkpoint 内的状态数据的增量改动,恢复的时候做状态改动的重放。

但是这里可以采用一种更加直接有效的方法,即设置连续 checkpoint 的时间间隔。形象地解释,就是强行在 checkpoint 之间塞入空闲时间,如图 8-8 所示。

checkpoint 时间间隔的配置方式如下。

```
StreamExecutionEnvironment.getCheckpointConfig().setMinPauseBetweenCheckpoints
(milliseconds)
```

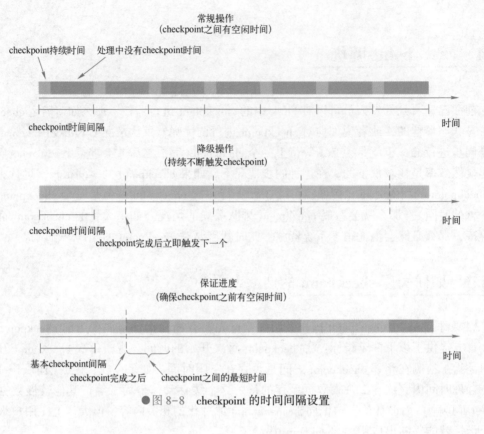

●图 8-8　checkpoint 的时间间隔设置

8.4.3　checkpoint 资源设置

做 checkpoint 的状态数据集越多，就需要消耗越多的资源。因为 Flink 在做 checkpoint 时是首先在每个 Task 上做数据 checkpoint，然后在外部存储中做 checkpoint 持久化。这里的一个优化思路是：在总状态数据固定的情况下，每个 Task 平均使用 checkpoint 的数据越少，那么相应地 checkpoint 的总时间也会变短，所以可以为每个 Task 设置更多的并行度（即分配更多的资源）来加速 checkpoint 的执行过程。

8.4.4　checkpoint 的 Task 本地性恢复

为了更好地对 checkpoint 进行优化，有必要实现运行时级别的 checkpoint 过程。首先要明白一点，Flink 的 checkpoint 不是一个完全在主节点的过程，而是分散在每个 Task 上执行，然后再做汇总持久化。这些 Task 做的 checkpoint 数据在后面应用恢复时（包括并行度扩增或减少时）还能够重新打散分布。

为了实现快速的状态恢复，每个 Task 会同时将 checkpoint 数据写到本地磁盘和远程分布式存储，只要 Task 本地的 checkpoint 数据没有被破坏，系统在应用恢复时就会首先加载本地的 checkpoint 数据，从而基本避免了远程拉取状态数据的过程。

8.4.5　异步 checkpoint 设置

默认情况下 checkpoint 都是同步生成的，在某些特定场景下，可以使用异步的 checkpoint 操作，这样可以大幅度提升 checkpoint 的性能。但是异步 checkpoint 也有一个问题，就是有可能前面的 checkpoint 会覆盖后面的 checkpoint，导致 checkpoint 保存的不是最新状态。

使用异步 checkpoint 主要有以下两个要求。

1）Flink 必须是托管状态，即必须使用 Flink 内部提供的托管状态的数据结构，如 VlaueState、ListState 等。

2）StateBackend 必须支持异步 checkpoint 操作，例如使用 RocksDB 就可以完美支持异步 checkpoint 操作。

8.4.6　checkpoint 数据压缩

如果 checkpoint 数据量太大，当然也可以对其进行压缩，通过一个配置启用压缩即可。

```
ExecutionConfig config = new ExecutionConfig()
config.setUseSnapshotCompression(true)
```

8.5　内存管理调优

内存管理在大多数大数据框架中都会涉及，Flink 也有自己的内存管理模型。在 Flink 中如果没有一种管理内存的好方法，那么当需要排序的数据大于 JVM 可以保留的内存时，就会抛出一些异常，通常所见的就是 OutOfMemoryException、内存管理是一种非常精确地控制每个操作使用多少内存，并通过移动某些数据磁盘来让它们有效地减低到内核外操作的方法。

内存管理还允许在同一 JVM 中的不同内存消耗运算符之间划分内存，这样，Flink 就可以确保不同的运算符在同一个 JVM 中彼此相邻运行，并且不会互相干扰，而是保持在其内存预算之内。

8.5.1　内存托管

从概念上讲，Flink 将堆分为三个区域。

1）网络缓冲区：网络堆栈使用 32 字节的缓冲区来缓冲网络传输的记录，在 TaskManager 启动时分配。默认情况下，使用 2048 个缓冲区，但可以通过以下方法进行调整：taskmanager. network. numberOfBuffers( )。

2）内存管理器缓冲区：大量的缓冲区（32 KB），所有运行时算法在需要缓冲记录时都会使用它们。记录以序列化形式存储在这些块中。内存管理器在启动时分配这些缓冲区。

3）剩余（空闲）堆：堆的这一部分留给用户代码和 TaskManager 的数据结构。由于这些数据结构非常小，所以该内存大部分可供用户代码使用。

图 8-9 所示就是 Flink 当中的内存管理模型。

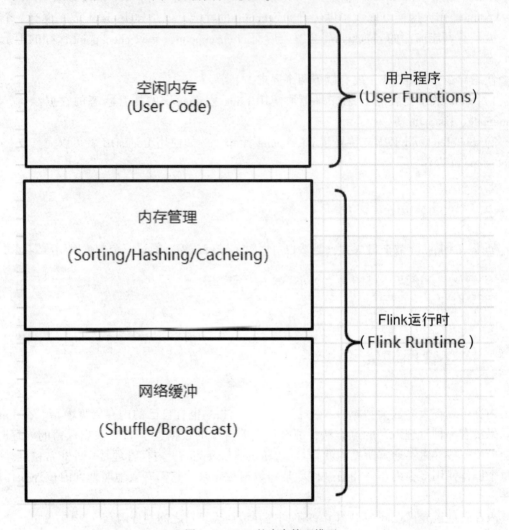

●图 8-9　Flink 的内存管理模型

在分配网络和内存管理器缓冲区时，JVM 通常执行一个或多个完整的垃圾回收，这为 TaskManager 的启动增加了一些时间，但在以后执行任务时节省了垃圾回收时间。

网络缓冲区和内存管理器缓冲区在 TaskManager 的整个生命周期中都有效。它们创建的对象会移至 JVM 内部存储器区域，并成为长期存在的未收集对象。

注意：

缓冲区的大小可以通过 taskmanager. network. bufferSizeInBytes( ) 方法调整，但是对于大多数设置而言，32 KB 似乎是一个不错的大小。

关于如何统一网络缓冲区和内存管理区，可以添加一种模式，由内存管理器延迟分配内存缓冲区（在需要时分配），这减少了 TaskManager 的启动时间，但稍后在实际分配缓冲区时将导致更多垃圾回收。

8.5.2　内存段管理

Flink 将其所有内存表示为内存段（Memory Segment）的集合。一个段代表一个内存区域（默认为 32 KB），并提供以偏移量访问数据的方法（获取和放置 long、int、byte，在段和数组之间复制等）。可以将其视为 java. nio. ByteBuffer 专门用于 Flink 的版本。每当 Flink 在某处存储记录时，它实际上会将其序列化为一个或多个内存段。系统可以将指向该记录的"指针"存储在另一个数据结构中（通常也构建为存储段的集合）。这意味着 Flink 依赖于有效的序列化，该序列可识别页面和跨页面的中断记录。为此，Flink 带来了自己的类型信息系统和序列化堆栈。图 8-10 所示就是 Flink 中的内存段管理实现。

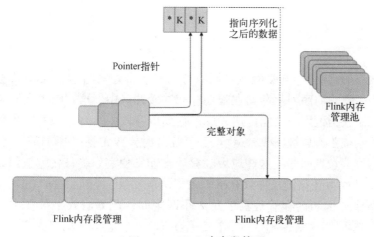

●图 8-10　Flink 内存段管理

在内存段中，序列化格式由 Flink 的序列化程序定义，并且知道记录的各个字段。即使此功能当前尚未广泛使用，它也允许在处理过程中对记录进行部分反序列化，以提高性能。为了进一步提高性能，使用内存段的算法尝试对序列化数据进行大范围扩展。

可扩展的使用程序类 TypeSerializer 和 TypeComparator 使这种内存管理模型成为可能，例如，排序器中的大多数比较都归结为比较某些页面中的字节（如 memcmp），这样，在处理序列化和序列化数据时 Flink 就具有了出色的性能，同时能够控制分配的内存量。

Flink 使用基于 MemoryManager 内存段的方式进行内存管理，并进行基于算法的分配和回收。因此，这些算法显式地请求内存（认为 malloc 为 32k）并释放它。算法对使用多少内存（多少页）有严格的预算。当此内存用完时，它们必须退回到核外变量。这是一种高度健壮的机制，不会出现堆碎片和估计数据大小的情况。由于数据已经在序列化页面中，所以在内存和磁盘之间移动数据非常容易。

8.5.3 内存段与字节缓冲区

为什么 Flink 不直接使用 java. nio. ByteBuffer？因为与 ByteBuffer 相比，MemorySegment 有一些很重要的优点。

1）它在字节数组上使用 sun. misc. Unsafe( )方法，因此这样类型的内存获取方式要便宜得多（无须移位）。

2）它只有绝对的 get/put 方法，并且所有类型都具有绝对方法，这使其线程安全，线程字节缓冲区减少。

3）字节数组和其他 ByteBuffer 存在绝对 get/put 方法，开发人员必须使用它们，而这些方法又需要锁定或放弃线程安全性，从而造成线程安全隐患。

由于只有一个 MemorySegment 的最终实现类，所以 JIT 在去虚拟化和内联方法方面比在至少五种不同实现中存在的 ByteBuffer 可以更好地执行工作。

8.5.4 内存段对垃圾收集器的影响

这种使用内存的机制对 Flink 的垃圾回收行为具有良好的暗示。Flink 不会收集任何记录作为对象，而是将它们序列化存储在长期存在的缓冲区中。这意味着实际上没有长期有效的记录——记录仅通过用户功能传递并序列化到内存段中。寿命长的对象就是内存段本身，它们永远不会被当作垃圾回收。运行 Flink 任务时，JVM 将在 NewGen（新一代）中的短期对象上执行许多垃圾回收。这些垃圾收集通常非常便宜。终身代垃圾回收（耗时长且昂贵）很少发生，因为终身代几乎只有永不收集的缓冲区。当 OldGen（旧一代，已租用）堆的大小与网络缓冲区和内存管理器的总大小匹配时，此方法效果最佳。此大小比率由 JVM 选项控制，选项 "-XX:NewRatio" 定义了 OldGen 是 NewGen 的多少倍。

默认情况下，Flink 的目标是使用 OldGen 两倍于 NewGen（-XX:NewRatio=2 在较新的 GC 上为 JVM 默认值）的设置，而 MemoryManager 和 NetworkBuffer 则使用 70% 的堆。这应该使内存池重叠（大致上）。

8.5.5 内存配置

Flink 试图使内存管理器的配置非常简单。该配置仅定义内存管理器将使用多少内存（因此可用于排序、哈希、缓存等），剩余的堆空间将留给用户的函数和 TaskManager 数据结构使用（它们通常很小，因此绝大多数用户函数可用）。Flink 的托管内存量可以通过两种方式配置。

1）相对值（默认模式）：在该模式下，MemoryManager 将评估在启动所有其他 Task-Manager 服务之后还剩下多少堆空间，然后它将分配该空间的特定部分（默认为 0.7）作为托管页面。可以通过 taskmanager. memory. fraction 来指定。

2）绝对值：用 taskmanager. memory. size 在 flink-conf. yaml 中指定时，MemoryManager

在启动时将分配相应大小的内存作为托管页。

8.5.6 堆外内存

由于 Flink 中对托管内存的所有访问都抽象在 MemorySegment 类之后，因此开发人员可以轻松地添加 MemorySegment 的变体。该变体不是由 byte[ ] 支持，而是由 JVM 堆之外的某些内存支持的。新版本的特性中介绍了该实现思想，且正在基于该思想进行开发。其基本思想非常类似于 Java 的 ByteBuffer，新版本中的各种实现方式基本上都是基于堆内存数组的支持，或者直接基于系统内存。

注意这种堆外内存的实现远比将运算结果存储在 JVM 之外的某个地方（如内存中或分布式内存文件系统）要难得多。有了这些附加功能，Flink 实际上就可以在 JVM 堆外的数据上进行所有工作（如排序），从而使排序缓冲区和哈希表的大小增长到对于垃圾收集堆来说非常具有挑战性的大小。

由于不对堆外内存进行垃圾回收，所以要进行回收的内存量要小得多。对于 100 GB 的 JVM 堆大小，这可能是一个良好的改进。此外，可以将堆外内存零拷贝溢出到磁盘/ssd，并通过网络发送零拷贝。

使用堆外内存的注意事项：JVM 需要正确配置；堆的大小变得很小，应增加最大直接内存量（-XX:MaxDirectMemorySize）；系统具有 MemorySegment 的两种实现，即 HeapMemorySegment 和 OffHeapMemorySegment；MemorySegment 类必须是抽象的，放置/获取数据的方法也必须是抽象的；当只有两个类之一被加载时（通过类层次分析进行去虚拟化），可以实现最佳的 JIT /内联特性。

8.6 、本章小结

调优和监控是每一个线上项目必不可少的部分，监控可以让用户及时发现和反馈线上任务运行中的问题，调优可以让用户以更少的资源来稳定运行提交的任务，做到用最少的资源做最多的事情，达到优化性能的目的。本章从监控和调优入手，深入浅出地讲解了 Flink 中各种任务监控内存管理调优方式，让读者轻松掌握调优和监控的这两项必备技能。

第9章

基于 Flink 实现实时数据同步解析

　　为了解决数据统计、数据分析等问题，可以使用很多手段，最常用的手段就是通过构建数据仓库（简称数仓）来实现数据分析、数据挖掘等。数据仓库基本上都是统计前一天的数据，或者最近一段时间的数据，这就决定了数据仓库一般都是使用离线技术来实现。为了解决数据统计的时效性问题，也可以通过实时的手段来构建数据仓库。通过 DateStream API，结合 Flink 的 Table 或者 SQL API，即可实现实时数据统计，构建实时的数据仓库。

9.1　实时数仓架构

为了满足实时数仓的数据处理需求，一般可以选用类似于 Kylin 或者 Flink 的 Table 或者 SQL 等方式来对分布式消息系统（类似于 Kafka）中的数据进行处理。图 9-1 所示向大家展示了实时数仓的处理架构，通过将 Kafka 作为消息队列进行解耦，然后配合使用实时数据处理的手段来完成数仓的架构设计。

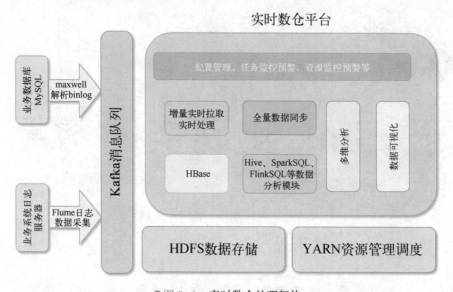

● 图 9-1　实时数仓处理架构

实时数仓主要用于处理各种数据，其中包括点击日志数据、业务库数据、爬虫竞品数据。业务库中的数据主要可以通过 canal 来实现实时同步处理，日志数据可以通过 flume 等采集工具来实现处理，全量导入可以通过 sqoop 或者 maxwell 来实现。通过各种数据采集手段，将数据统一接入 Kafka 消息队列，如图 9-2 所示，显示了实时数仓中的数据同步方式。

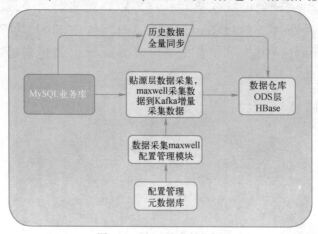

● 图 9-2　实时数仓数据同步

9.2 MySQL 数据实时同步

在业务系统中经常用 MySQL 作为数据库，为了实时同步 MySQL 中的数据，可以使用 binlog 的方式。

9.2.1 MySQL 的 binlog 介绍

binlog 是 MySQL 中的二进制日志，主要用于记录使 MySQL 数据库中的数据发生或可能发生更改的 SQL 语句，并以二进制的形式保存在磁盘中。如果需要配置主从数据库并实现它们之间的数据同步，就可以通过 binlog 来实现。

binlog 的格式有三种：STATEMENT、ROW、MIXED。相应的复制方式也是三种。

1）基于 SQL 语句的复制（Statement-Based Replication, SBR）：将每一条会修改数据的 SQL 语句记录到 binlog 中。

- 优点：不需要记录每一条 SQL 语句与每行的数据变化，这样 binlog 的内容也会比较少，减少了磁盘 IO，提高了性能。
- 缺点：在某些情况下会导致主从数据库中的数据不一致（如 sleep()、last_insert_id() 以及 user-defined functions(udf) 等会出现问题）。

2）基于行的复制（Row-Based Replication, RBR）：不记录每一条 SQL 语句的上下文信息，仅记录哪条数据被修改了以及修改结果。

- 优点：不会出现某些特定情况下的存储过程、函数或解发器的调用无法被正确复制的问题。
- 缺点：会产生大量的日志，尤其是执行"alter table"的时候会让日志暴涨。

3）混合模式复制（Mixed-Based Replication, MBR）：即以上两种模式的混合使用，一般的复制使用 STATEMENT 模式保存 binlog，对于 STATEMENT 模式无法复制的操作使用 ROW 模式保存 binlog，MySQL 会根据执行的 SQL 语句选择日志保存方式。

因为 STATEMENT 模式只有 SQL 语句，没有数据，无法获取原始的变更日志，所以一般建议使用 ROW 模式。MySQL 数据实时同步可以通过解析 MySQL 的 binlog 来实现，解析 binlog 有多种方式，如通过 canal、maxwell 等方式实现。图 9-3 是各种方式的对比。

9.2.2 maxwell 简介

maxwell 是一个能实时读取 MySQL binlog，并生成 JSON 格式的消息作为生产者发送给 Kafka、Kinesis、RabbitMQ、Redis、Google Cloud Pub/Sub、文件或其他平台的应用程序。它的常见应用场景有 ETL、维护缓存、收集表级别的 DML 指标、增量到搜索引擎、数据分区迁移、切库 binlog 回滚方案等。

可参考官网（http://maxwells-daemon.io）和 GitHub（https://github.com/zendesk/

特色	canal	maxwell	mysql_streamer
开源方	阿里巴巴	zendesk	Yelp
语言	Java	Java	Python
活跃度	活跃	活跃	活跃
HA	支持	定制	支持
数据落地	定制	Kafka等	Kafka
分区	支持	不支持	不支持
bootstrap	不支持	支持	支持
数据格式	格式自由	json（固定）	json（固定）
文档	较详细	较详细	粗略
随机读	支持	支持	支持

●图 9-3   各种实时同步 MySQL 数据的方式对比

maxwell）深入学习。

maxwell 主要提供了下列功能。

1）支持用 "SELECT * FROM table" 的方式进行全量数据初始化。

2）支持在主库发生失效转移后，自动恢复 binlog 位置（Global Transaction Identifier, GTID）。

3）可以对数据进行分区，解决数据倾斜问题，发送到 Kafka 的数据支持数据库、表、列等级别的数据分区。

工作方式是伪装为从服务器，接收 binlog 事件，然后根据 schemas 信息拼装，可以接收数据库定义语言和数据库数据变更等各种事件。

9.2.3   开启 MySQL 的 binlog 功能

首先必须安装 MySQL。

注意：

MySQL 的版本不要太低，也不要太高，最好使用 5.6 或 5.7 版，另外需要在 CentOS 7 中为 MySQL 添加一个普通用户，用户名为 maxwell，因为 maxwell 这个软件默认使用的是 maxwell 用户。

进入 MySQL 客户端，然后执行以下命令，进行授权。

```
mysql -uroot  -p
set global validate_password_policy=LOW;
set global validate_password_length=6;
CREATE USER 'maxwell'@'%' IDENTIFIED BY '123456';
GRANT ALL ON maxwell.* TO 'maxwell'@'%';
GRANT SELECT, REPLICATION CLIENT, REPLICATION SLAVE on *.* to 'maxwell'@'%';
flush privileges;
```

通过修改 MySQL 的配置文件来开启 binlog 功能，修改配置文件后需要重启 MySQL 服务。

1）在 node03 服务器上执行以下命令，开启 MySQL 的 binlog，并指定 binlog 格式为 ROW。

```
sudo vim /etc/my.cnf

log-bin=mysql-bin
binlog-format=ROW
server_id=1
```

2）执行以下命令重启 MySQL 服务。

```
sudo service mysqld restart
```

9.2.4　安装 maxwell 实现实时采集 MySQL 数据

1. 下载 maxwell 并上传、解压

在 node03 上下载 maxwell 安装包，下载地址：https://github.com/zendesk/maxwell/releases/download/v1.21.1/maxwell-1.21.1.tar.gz。

将下载好的安装包上传到 node03 服务器的"/kkb/soft"路径下，并进行解压。

```
cd /kkb/soft
tar -zxf maxwell-1.21.1.tar.gz -C /kkb/install/
```

2. 修改 maxwell 配置文件

配置文件修改如下。

```
cd /kkb/install/maxwell-1.21.1
cp config.properties.example config.properties
vim config.properties

producer=kafka
kafka.bootstrap.servers=node01:9092,node02:9092,node03:9092
host=node03.kaikeba.com
user=maxwell
password=123456
producer=kafka
host=node03.kaikeba.com
port=3306
user=maxwell
password=123456
kafka.bootstrap.servers=node01:9092,node02:9092,node03:9092
kafka_topic=maxwell_kafka
```

> **注意：**
>
> 一定要保证使用 maxwell 用户和 123456 密码能够连接上 MySQL 数据库。

9.2.5　启动服务

启动 Zookeeper 服务、Kafka 服务并创建 Kafka 的 topic，然后启动 maxwell 服务，向数据库插入数据，并查看 Kafka 中是否能够同步到 MySQL 数据。

启动 Zookeeper 和 Kafka 服务后，在 node01 上执行以下命令来创建 Kafka 的 topic。

```
cd /kkb/install/kafka_2.11-1.1.0
bin/kafka-topics.sh  --create --topic maxwell_kafka --partitions 3 --replica-tion-factor 2 --zookeeper node01:2181
```

执行以下命令，启动 Kafka 的自带控制台消费者，消费 Kafka 中的数据，验证 Kafka 中是否有数据进入。

```
cd /kkb/install/kafka_2.11-1.1.0
bin/kafka-console-consumer.sh --topic maxwell_kafka --from-beginning --boot-strap-server node01:9092,node02:9092,node03:9092
```

node03 执行以下命令，启动 maxwell 服务。

```
cd /kkb/install/maxwell-1.21.1
bin/maxwell
```

9.2.6　插入数据并进行测试

向 MySQL 插入一条数据，并开启 Kafka 的消费者，查看 Kafka 是否能够接收到数据。在 MySQL 中创建数据库和数据库表并插入数据。

```
CREATE DATABASE /* !32312 IF NOT EXISTS * /'test' /* !40100 DEFAULT CHARACTER SET utf8 */;

USE 'test';

/* Table structure for table 'myuser' */

DROP TABLE IF EXISTS 'myuser';

CREATE TABLE 'myuser' (
  'id' int(12) NOT NULL,
  'name' varchar(32) DEFAULT NULL,
```

```
  'age' varchar(32) DEFAULT NULL,
  PRIMARY KEY ('id')
) ENGINE=InnoDB DEFAULT CHARSET=utf8;


/*Data for the table 'myuser' */


insert    into 'myuser'('id','name','age') values (1,'zhangsan',NULL),(2,'xxx',NULL),(3,
'ggg',NULL),(5,'xxxx',NULL),(8,'skldjlskdf',NULL),(10,'ggggg',NULL),(99,'ttttt',
NULL),(114,NULL,NULL),(121,'xxx',NULL);
```

启动 Kafka 的消费者，验证数据是否进入 Kafka。

在 node01 上执行以下命令，消费 Kafka 中的数据。

```
cd /kkb/install/kafka_2.11-1.1.0
bin/kafka-console-consumer.sh --bootstrap-server node01:9092,node02:9092,
node03:9092 --topic  maxwell_kafka
```

9.3　数据库建表

创建商品表以及订单表。

```
/*
SQLyog Ultimate v8.32
MySQL - 5.7.27-log : Database - product
*********************************************************************
*/

/* !40101 SET NAMES utf8 */;

/* !40101 SET SQL_MODE='' */;

/* !40014 SET @OLD_UNIQUE_CHECKS=@@UNIQUE_CHECKS, UNIQUE_CHECKS=0 */;
/* !40014 SET @OLD_FOREIGN_KEY_CHECKS=@@FOREIGN_KEY_CHECKS, FOREIGN_KEY_
CHECKS=0 */;
/* !40101 SET @OLD_SQL_MODE=@@SQL_MODE, SQL_MODE='NO_AUTO_VALUE_ON_ZERO' */;
/* !40111 SET @OLD_SQL_NOTES=@@SQL_NOTES, SQL_NOTES=0 */;
CREATE DATABASE /* !32312 IF NOT EXISTS */'product' /* !40100 DEFAULT CHARACTER
SET utf8 */;

USE 'product';

/*Table structure for table 'kaikeba_goods' */

DROP TABLE IF EXISTS 'kaikeba_goods';
```

```
CREATE TABLE 'kaikeba_goods' (
  'goodsId' BIGINT(10) NOT NULL AUTO_INCREMENT,
  'goodsName' VARCHAR(256) DEFAULT NULL,      --商品名称
  'sellingPrice' VARCHAR(256) DEFAULT NULL,   --商品售价
  'productPic' VARCHAR(256) DEFAULT NULL,      --商品图
  'productBrand' VARCHAR(256) DEFAULT NULL,   --商品品牌
  'productfbl' VARCHAR(256) DEFAULT NULL,      --手机分辨率
  'productNum' VARCHAR(256) DEFAULT NULL,      --商品编号
  'productUrl' VARCHAR(256) DEFAULT NULL,      --商品url
  'productFrom' VARCHAR(256) DEFAULT NULL,     --商品来源
  'goodsStock' INT(11) DEFAULT NULL,           --商品库存
  'appraiseNum' INT(11) DEFAULT NULL,          --商品评论数
  PRIMARY KEY ('goodsId')
) ENGINE = INNODB AUTO_INCREMENT = 0 DEFAULT CHARSET = utf8;

/ * Data for the table 'kaikeba_goods' * /

CREATE TABLE product.kaikeba_orders (
  orderId int(11) NOT NULL AUTO_INCREMENT COMMENT '自增ID',
  orderNo varchar(50) NOT NULL COMMENT '订单号',
  userId int(11) NOT NULL COMMENT '用户ID',
  goodId int(11) NOT NULL COMMENT '商品ID',
  goodsMoney decimal(11,2) NOT NULL DEFAULT '0.00' COMMENT '商品总金额',
  realTotalMoney decimal(11,2) NOT NULL DEFAULT '0.00' COMMENT '实际订单总金额',
  payFrom int(11) NOT NULL DEFAULT '0' COMMENT '支付来源(1:支付宝,2:微信)',
  province varchar(50) NOT NULL COMMENT '省份',
  createTime timestamp NOT NULL DEFAULT CURRENT_TIMESTAMP,
  PRIMARY KEY ('orderId')
) ENGINE = InnoDB DEFAULT CHARSET = utf8
```

9.4　开发模拟数据生成模块

　　本节主要使用订单表以及商品表，商品表数据批量生成，并全量拉取到 HBase 中，订单表可以模拟为持续生成，通过 binlog 来实现实时同步。如图 9-4 所示，本节通过模拟程序来实现数据生成。

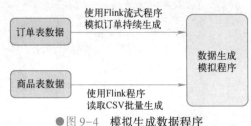

●图 9-4　模拟生成数据程序

9.4.1 创建 Maven 工程并导入 jar 包

创建 Maven 工程，并导入以下 jar 包坐标。

```xml
<repositories>
    <repository>
        <id>cloudera</id>
        <url>https://repository.cloudera.com/artifactory/cloudera-repos/</url>
    </repository>
</repositories>
<dependencies>
    <dependency>
        <groupId>org.apache.flink</groupId>
        <artifactId>flink-streaming-scala_2.11</artifactId>
        <version>1.8.1</version>
    </dependency>
    <dependency>
        <groupId>org.apache.flink</groupId>
        <artifactId>flink-scala_2.11</artifactId>
        <version>1.8.1</version>
    </dependency>
    <dependency>
        <groupId>org.apache.hadoop</groupId>
        <artifactId>hadoop-client</artifactId>
        <version>2.6.0-mr1-cdh5.14.2</version>
    </dependency>
    <dependency>
        <groupId>org.apache.hadoop</groupId>
        <artifactId>hadoop-common</artifactId>
        <version>2.6.0-cdh5.14.2</version>
    </dependency>
    <dependency>
        <groupId>org.apache.hadoop</groupId>
        <artifactId>hadoop-hdfs</artifactId>
        <version>2.6.0-cdh5.14.2</version>
    </dependency>
    <dependency>
        <groupId>org.apache.hadoop</groupId>
        <artifactId>hadoop-mapreduce-client-core</artifactId>
        <version>2.6.0-cdh5.14.2</version>
    </dependency>
```

```xml
<dependency>
    <groupId>org.apache.flink</groupId>
    <artifactId>flink-connector-kafka-0.11_2.11</artifactId>
    <version>1.8.1</version>
</dependency>
<dependency>
    <groupId>org.apache.kafka</groupId>
    <artifactId>kafka-clients</artifactId>
    <version>1.1.0</version>
</dependency>
<dependency>
    <groupId>org.slf4j</groupId>
    <artifactId>slf4j-api</artifactId>
    <version>1.7.25</version>
</dependency>
<dependency>
    <groupId>org.slf4j</groupId>
    <artifactId>slf4j-log4j12</artifactId>
    <version>1.7.25</version>
</dependency>
<dependency>
    <groupId>org.apache.bahir</groupId>
    <artifactId>flink-connector-redis_2.11</artifactId>
    <version>1.0</version>
</dependency>
<dependency>
    <groupId>mysql</groupId>
    <artifactId>mysql-connector-java</artifactId>
    <version>5.1.38</version>
</dependency>
<dependency>
    <groupId>org.apache.flink</groupId>
    <artifactId>flink-statebackend-rocksdb_2.11</artifactId>
    <version>1.8.1</version>
</dependency>
<dependency>
    <groupId>org.apache.flink</groupId>
    <artifactId>flink-hadoop-compatibility_2.11</artifactId>
    <version>1.8.1</version>
</dependency>
<dependency>
    <groupId>org.apache.flink</groupId>
```

```
            <artifactId>flink-shaded-hadoop2</artifactId>
            <version>1.7.2</version>
        </dependency>
        <dependency>
            <groupId>org.apache.flink</groupId>
            <artifactId>flink-hbase_2.11</artifactId>
            <version>1.8.1</version>
            <exclusions>
                <exclusion>
                    <artifactId>protobuf-java</artifactId>
                    <groupId>com.google.protobuf</groupId>
                </exclusion>
            </exclusions>
        </dependency>
        <dependency>
            <groupId>org.apache.flink</groupId>
            <artifactId>flink-table-planner_2.11</artifactId>
            <version>1.8.1</version>
        </dependency>
        <dependency>
            <groupId>org.apache.flink</groupId>
            <artifactId>flink-table-api-scala-bridge_2.11</artifactId>
            <version>1.8.1</version>
        </dependency>
        <dependency>
            <groupId>org.apache.flink</groupId>
            <artifactId>flink-table-api-scala_2.11</artifactId>
            <version>1.8.1</version>
        </dependency>
        <dependency>
            <groupId>org.apache.flink</groupId>
            <artifactId>flink-table-common</artifactId>
            <version>1.8.1</version>
        </dependency>
        <dependency>
            <groupId>org.apache.flink</groupId>
            <artifactId>flink-json</artifactId>
            <version>1.8.1</version>
        </dependency>
        <dependency>
            <groupId>com.fasterxml.jackson.core</groupId>
            <artifactId>jackson-databind</artifactId>
```

```xml
            <version>2.9.8</version>
        </dependency>
        <dependency>
            <groupId>joda-time</groupId>
            <artifactId>joda-time</artifactId>
            <version>2.10.1</version>
        </dependency>

        <dependency>
            <groupId>org.apache.kafka</groupId>
            <artifactId>kafka_2.11</artifactId>
            <version>1.1.0</version>
        </dependency>
        <!-- https://mvnrepository.com/artifact/org.apache.flink/flink-jdbc -->
        <dependency>
            <groupId>org.apache.flink</groupId>
            <artifactId>flink-jdbc_2.11</artifactId>
            <version>1.8.1</version>
        </dependency>
        <!-- https://mvnrepository.com/artifact/commons-io/commons-io -->
        <dependency>
            <groupId>commons-io</groupId>
            <artifactId>commons-io</artifactId>
            <version>2.4</version>
        </dependency>
        <!-- https://mvnrepository.com/artifact/com.alibaba/fastjson -->
        <dependency>
            <groupId>com.alibaba</groupId>
            <artifactId>fastjson</artifactId>
            <version>1.2.40</version>
        </dependency>
    </dependencies>
    <build>
        <plugins>
            <!-- 限制JDK版本的插件 -->
            <plugin>
                <groupId>org.apache.maven.plugins</groupId>
                <artifactId>maven-compiler-plugin</artifactId>
                <version>3.0</version>
                <configuration>
                    <source>1.8</source>
                    <target>1.8</target>
                    <encoding>UTF-8</encoding>
```

```xml
            </configuration>
        </plugin>
        <!-- 编译 Scala 需要用到的插件 -->
        <plugin>
            <groupId>net.alchim31.maven</groupId>
            <artifactId>scala-maven-plugin</artifactId>
            <version>3.2.2</version>
            <executions>
                <execution>
                    <goals>
                        <goal>compile</goal>
                        <goal>testCompile</goal>
                    </goals>
                </execution>
            </executions>
        </plugin>
        <!-- 项目打包用到的插件 -->
        <plugin>
            <artifactId>maven-assembly-plugin</artifactId>
            <configuration>
                <descriptorRefs>
                    <descriptorRef>jar-with-dependencies</descriptorRef>
                </descriptorRefs>
                <archive>
                    <manifest>
                        <mainClass></mainClass>
                    </manifest>
                </archive>
            </configuration>
            <executions>
                <execution>
                    <id>make-assembly</id>
                    <phase>package</phase>
                    <goals>
                        <goal>single</goal>
                    </goals>
                </execution>
            </executions>
        </plugin>
    </plugins>
</build>
```

9.4.2 开发 Flink 程序批量导入商品表数据

读取商品 CSV 数据，并写入商品表中。

```scala
import org.apache.flink.api.java.io.jdbc.JDBCOutputFormat
import org.apache.flink.api.scala._
import org.apache.flink.api.scala.{DataSet, ExecutionEnvironment}
import org.apache.flink.types.Row


object GenerateGoodsDatas {

  def main(args: Array[String]): Unit = {
    val environment: ExecutionEnvironment = ExecutionEnvironment.getExecutionEnvironment
    import org.apache.flink.api.scala._
    val fileSource: DataSet[String] = environment.readTextFile("file:///D:\\课程资料\\Flink实时数仓\\实时数仓建表以及数据\\goods.csv")
    val line: DataSet[String] = fileSource.flatMap(x => {
      x.split("\r\n")
    })
    val productSet: DataSet[Row] = line.map(x => {
      val pro: Array[String] = x.split("===")
      println(pro(1))
      Row.of(null, pro(1), pro(2), pro(3), pro(4), pro(5), pro(6), pro(7), pro(8),
        pro(9), pro(10))
    })
    productSet.output(JDBCOutputFormat.buildJDBCOutputFormat()
      .setBatchInterval(2)
      .setDBUrl("jdbc:mysql://node03:3306/product?characterEncoding=utf-8")
      .setDrivername("com.mysql.jdbc.Driver")
      .setPassword("123456")
      .setUsername("root")
      .setQuery("insert into kaikeba_goods (goodsId,goodsName,sellingPrice,
productPic,productBrand,productfbl,productNum,productUrl,productFrom,goodsStock,appraiseNum) values(?,?,?,?,?,?,?,?,?,?,?)")
      .finish())
    environment.execute()
  }
}
```

9.4.3 开发订单生成程序模拟订单持续生成

通过 Flink 的流式程序持续生成订单数据。

```scala
import java.text.{DecimalFormat, SimpleDateFormat}
import java.util.{Date, UUID}

import org.apache.flink.api.common.typeinfo.{BasicTypeInfo, TypeInformation}
import org.apache.flink.api.java.io.jdbc.JDBCAppendTableSink
import org.apache.flink.streaming.api.datastream.DataStreamSource
import org.apache.flink.streaming.api.environment.StreamExecutionEnvironment
import org.apache.flink.streaming.api.functions.source.{RichParallelSource-
Function, SourceFunction}
import org.apache.flink.types.Row

import scala.util.Random

object GenerateOrderDatas {
  def main(args: Array[String]): Unit = {
    //获取执行环境
    val environment: StreamExecutionEnvironment = StreamExecutionEnviron-
ment.getExecutionEnvironment

    //使用 JDBCAppendTableSink 将数据发送到表里
    val sink: JDBCAppendTableSink = JDBCAppendTableSink.builder()
      .setDrivername("com.mysql.jdbc.Driver")
      .setDBUrl("jdbc:mysql://node03:3306/product?characterEncodint=utf-8")
      .setUsername("root")
      .setPassword("123456")
      .setBatchSize(2)
      .setQuery("insert into kaikeba_orders (orderNo,userId,goodId,goodsMoney,
realTotalMoney,payFrom,province) values (?,?,?,?,?,?,?)")
      .setParameterTypes(BasicTypeInfo.STRING_TYPE_INFO, BasicTypeInfo.STRING_
TYPE_INFO, BasicTypeInfo.STRING_TYPE_INFO, BasicTypeInfo.STRING_TYPE_INFO, Bas-
icTypeInfo.STRING_TYPE_INFO, BasicTypeInfo.STRING_TYPE_INFO, BasicTypeIn-
fo.STRING_TYPE_INFO)
      .build()

  /* //定义字段的名字
    val FIELD_NAMES: Array[String] = Array[String]("orderNo", "userId", "
goodId", "goodsMoney", "realTotalMoney", "payFrom", "province")

    //定义字段的类型
```

```scala
    val FIELD_TYPES: Array[TypeInformation[_]] = Array[TypeInformation[_]](Bas-
icTypeInfo.STRING_TYPE_INFO, BasicTypeInfo.STRING_TYPE_INFO, BasicTypeIn-
fo.STRING_TYPE_INFO, BasicTypeInfo.STRING_TYPE_INFO, BasicTypeInfo.STRING_
TYPE_INFO, BasicTypeInfo.STRING_TYPE_INFO, BasicTypeInfo.STRING_TYPE_INFO)
* /
    //types: Array[TypeInformation[_]], fieldNames: Array[String]
 //   val info = new RowTypeInfo(FIELD_TYPES,FIELD_NAMES)


  val sourceStream: DataStreamSource[Row] = environment.addSource(

    new RichParallelSourceFunction[Row] {
    var isRunning = true
    override def run(sc: SourceFunction.SourceContext[Row]): Unit = {
      while (isRunning) {
        val order: Order = generateOrder
          sc.collect (Row.of (order.orderNo, order.userId, order.goodId, or-
der.goodsMoney
          , order.realTotalMoney, order.payFrom, order.province))
        Thread.sleep(1000)
      }
    }
    override def cancel(): Unit = {
      isRunning = false
    }
  }
    //这里不用指定字段的名称以及字段的类型,也可以将数据插入表中
  )
  //将数据插入表中
  sink.emitDataStream(sourceStream)


  //执行程序
  environment.execute()


}

//随机生成订单
def generateOrder:Order = {
  val province: Array[String] = Array[String]("北京市", "天津市", "上海市", "重庆
市", "河北省", "山西省", "辽宁省", "吉林省", "黑龙江省", "江苏省", "浙江省", "安徽省", "福
建省", "江西省", "山东省", "河南省", "湖北省", "湖南省", "广东省", "海南省", "四川省", "贵
州省", "云南省", "陕西省", "甘肃省", "青海省")
  val random = new Random()
  //订单号
```

```scala
    val orderNo: String = UUID.randomUUID.toString
    //用户Id
    val userId: Int = random.nextInt(10000)
    //商品Id
    val goodsId: Int = random.nextInt(1360)
    var goodsMoney: Double = 100 + random.nextDouble * 100
    //商品金额
    goodsMoney = formatDecimal(goodsMoney, 2).toDouble
    var realTotalMoney: Double = 150 + random.nextDouble * 100
    //订单付出金额
    realTotalMoney = formatDecimal(goodsMoney, 2).toDouble

    val payFrom: Int = random.nextInt(5)
    //省份
    val provinceName: String = province(random.nextInt(province.length))
    val date = new Date
    val format = new SimpleDateFormat("yyyy-MM-dd HH:mm:ss")
    val dateStr: String = format.format(date)

     Order(orderNo, userId + "", goodsId + "", goodsMoney + "", realTotalMoney + "",
payFrom+"",provinceName)
  }

//生成金额
  def formatDecimal(d: Double, newScale: Int): String = {
    var pattern = "#."
    var i = 0
    while ({
      i < newScale
    }) {
      pattern += "#"

       {
         i += 1; i - 1
       }
    }
    val df = new DecimalFormat(pattern)
    df.format(d)
  }

}

//定义样例类,用于封装数据
```

```scala
case class Order(orderNo:String
                ,userId:String
                ,goodId:String
                ,goodsMoney:String
                ,realTotalMoney:String
                ,payFrom:String
                ,province:String
                ) extends Serializable
```

9.5 数据获取模块开发

获取数据功能主要分为两个模块，一个是全量拉取所有数据，另一个是通过 MySQL 的 binlog 来实现实时拉取。全量拉取模块可以通过 Flink 去获取数据库中的商品表数据，然后保存到 HBase 中。

9.5.1 全量拉取数据

创建 HBase 表，并通过 Flink JDBC 组件直接读取 MySQL 数据，然后将数据保存到 HBase 中。

1. 创建 HBase 表

在 node01 上执行以下命令，创建 HBase 的命名空间以及 HBase 表。

```
cd /kkb/install/hbase-1.2.0-cdh5.14.2
bin/hbase shell
create_namespace 'flink'
create 'flink:data_goods',{NAME =>'f1',BLOCKCACHE =>true,BLOOMFILTER =>'ROW',DATA
_BLOCK_ENCODING => 'PREFIX_TREE', BLOCKSIZE => '65536'}
```

2. 代码开发

开发代码，将 MySQL 数据全部同步到 HBase 中。

```scala
import org.apache.flink.api.common.typeinfo.BasicTypeInfo
import org.apache.flink.api.java.io.jdbc.JDBCInputFormat
import org.apache.flink.api.java.typeutils.RowTypeInfo
import org.apache.flink.api.scala.hadoop.mapreduce.HadoopOutputFormat
import org.apache.flink.api.scala.{ ExecutionEnvironment}
import org.apache.flink.types.Row
import org.apache.hadoop.conf.Configuration
```

```scala
import org.apache.hadoop.hbase.client.{Mutation, Put}
import org.apache.hadoop.hbase.mapreduce.TableOutputFormat
import org.apache.hadoop.hbase.{HBaseConfiguration, HConstants}
import org.apache.hadoop.io.Text
import org.apache.hadoop.mapreduce.Job

object FullPullerGoods {
//全量拉取商品表数据到 HBase 中
  def main(args: Array[String]): Unit = {
    val environment: ExecutionEnvironment = ExecutionEnvironment.getExecutionEnvironment

    import org.apache.flink.api.scala._
    val inputJdbc: JDBCInputFormat = JDBCInputFormat.buildJDBCInputFormat()
      .setDrivername("com.mysql.jdbc.Driver")
      .setDBUrl("jdbc:mysql://node03:3306/product?characterEncodint=utf-8")
      .setPassword("123456")
      .setUsername("root")
      .setFetchSize(2)
      .setQuery("select * from kaikeba_goods")
      .setRowTypeInfo(new RowTypeInfo(BasicTypeInfo.STRING_TYPE_INFO, BasicTypeInfo.STRING_TYPE_INFO, BasicTypeInfo.STRING_TYPE_INFO, BasicTypeInfo.STRING_TYPE_INFO, BasicTypeInfo.STRING_TYPE_INFO, BasicTypeInfo.STRING_TYPE_INFO, BasicTypeInfo.STRING_TYPE_INFO, BasicTypeInfo.STRING_TYPE_INFO, BasicTypeInfo.STRING_TYPE_INFO, BasicTypeInfo.STRING_TYPE_INFO, BasicTypeInfo.STRING_TYPE_INFO))
      .finish()

    //读取 JDBC 里面的数据
    val goodsSet: DataSet[Row] = environment.createInput(inputJdbc)

    val result: DataSet[(Text, Mutation)] = goodsSet.map(x => {
      val goodsId: String = x.getField(0).toString
      val goodsName: String = x.getField(1).toString
      val sellingPrice: String = x.getField(2).toString
      val productPic: String = x.getField(3).toString
      val proudctBrand: String = x.getField(4).toString
      val proudctfbl: String = x.getField(5).toString
      val productNum: String = x.getField(6).toString
      val productUrl: String = x.getField(7).toString
      val productFrom: String = x.getField(8).toString
      val goodsStock: String = x.getField(9).toString
      val appraiseNum: String = x.getField(10).toString
```

```
      val rowkey = new Text(goodsId)
      val put = new Put(rowkey.getBytes)
      put.addColumn("f1".getBytes(), "goodsName".getBytes(), goodsName.getBytes())
      put.addColumn("f1".getBytes(), "sellingPrice".getBytes(), sellingPrice.getBytes())
      put.addColumn("f1".getBytes(), "productPic".getBytes(), productPic.getBytes())
      put.addColumn("f1".getBytes(), "proudctBrand".getBytes(), proudctBrand.getBytes())
      put.addColumn("f1".getBytes(), "proudctfbl".getBytes(), proudctfbl.getBytes())
      put.addColumn("f1".getBytes(), "productNum".getBytes(), productNum.getBytes())
      put.addColumn("f1".getBytes(), "productUrl".getBytes(), productUrl.getBytes())
      put.addColumn("f1".getBytes(), "productFrom".getBytes(), productFrom.getBytes())
      put.addColumn("f1".getBytes(), "goodsStock".getBytes(), goodsStock.getBytes())
      put.addColumn("f1".getBytes(), "appraiseNum".getBytes(), appraiseNum.getBytes())
      (rowkey, put.asInstanceOf[Mutation])

    })
    //将数据写入 HBase
    val configuration: Configuration = HBaseConfiguration.create()
    configuration.set(HConstants.ZOOKEEPER_QUORUM, "node01,node02,node03")
    configuration.set(HConstants.ZOOKEEPER_CLIENT_PORT, "2181")
    configuration.set(TableOutputFormat.OUTPUT_TABLE, "flink:data_goods")
    //mapreduce.output.fileoutputformat.outputdir
    configuration.set("mapred.output.dir", "/tmp2")

    val job: Job = Job.getInstance(configuration)
    result.output(new HadoopOutputFormat[Text,Mutation](new TableOutputFormat
[Text],job))
    environment.execute("FullPullerGoods")
  }
}
```

9.5.2 增量拉取数据

对于实时产生的增量数据，可以通过 maxwell 来实现数据获取，将增量数据全部写入 Kafka 集群中，如图 9-5 所示。

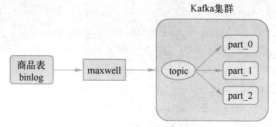

●图 9-5 增量数据拉取

maxwell 解析 MySQL 的 binlog, 实现数据增量同步到 Kafka 集群, 但是还存在一个问题, 就是同一条数据如何保证添加、修改等数据处理的顺序性? 因为 Kafka 中的数据在每个分区内部是有序的, 但是全局处理无序, 所以需要保证同一条数据一定要进入同一个分区里面。为了解决数据处理的顺序性问题, 可以修改 maxwell 的数据分区规则。

1. 创建 Kafka 的 topic 以及 HBase 表

在 node01 上执行以下命令创建一个 Kafka 的 topic。

```
cd /kkb/install/kafka_2.11-1.1.0
bin/kafka-topics.sh --create --topicflink_house --replication-factor 1  --partitions 3 --zookeeper node01:2181
```

在 node01 上执行以下命令进入 HBase 客户端, 然后创建 HBase 表。

```
cd /kkb/install/hbase-1.2.0-cdh5.14.2
bin/hbase shell
create 'flink:data_orders',{NAME =>'f1',BLOCKCACHE =>true,BLOOMFILTER =>'ROW',
DATA_BLOCK_ENCODING => 'PREFIX_TREE', BLOCKSIZE =>'65536'}
```

2. 修改 maxwell 配置文件

在 node03 上执行以下命令修改 maxwell 的配置文件, 添加以下两个配置, 修改数据的分区规则。

```
cd /kkb/install/maxwell-1.21.1
vim config.properties


producer_partition_by=primary_key
kafka_partition_hash=murmur3
kafka_topic=flink_house
```

3. 启动 maxwell

在 node03 上执行以下命令, 启动 maxwell。

```
cd /kkb/install/maxwell-1.21.1
bin/maxwell
```

4. 开发数据解析程序

开发数据解析程序, 解析 Kafka 中 JSON 格式的数据, 然后插 HBase 即可。
定义增量数据处理程序。

```
import java.util.Properties


import com.alibaba.fastjson.{JSON, JSONObject}
```

```scala
import org.apache.flink.api.common.serialization.SimpleStringSchema
import org.apache.flink.contrib.streaming.state.RocksDBStateBackend
import org.apache.flink.streaming.api.CheckpointingMode
import org.apache.flink.streaming.api.environment.CheckpointConfig
import org.apache.flink.streaming.api.scala.{DataStream, StreamExecutionEn-
vironment}
import org.apache.flink.streaming.connectors.kafka.FlinkKafkaConsumer011

object IncrementOrder {
  def main(args: Array[String]): Unit = {
    val environment: StreamExecutionEnvironment = StreamExecutionEnviron-
ment.getExecutionEnvironment

    //隐式转换
    import org.apache.flink.api.scala._
    //checkpoint 配置
    environment.enableCheckpointing(100);
    environment.getCheckpointConfig.setCheckpointingMode(Checkpointing-
Mode.EXACTLY_ONCE);
    environment.getCheckpointConfig.setMinPauseBetweenCheckpoints(500);
    environment.getCheckpointConfig.setCheckpointTimeout(60000);
    environment.getCheckpointConfig.setMaxConcurrentCheckpoints(1);
    environment.getCheckpointConfig.enableExternalizedCheckpoints(Check-
pointConfig.ExternalizedCheckpointCleanup.RETAIN_ON_CANCELLATION);
    environment.setStateBackend(new RocksDBStateBackend("hdfs://node01:
8020/flink_kafka/checkpoints",true));

    val props = new Properties
    props.put("bootstrap.servers", "node01:9092")
    props.put("zookeeper.connect", "node01:2181")
    props.put("group.id", "flinkHouseGroup")
    props.put("key.deserializer", "org.apache.kafka.common.serialization.String-
Deserializer")
    props.put("value.deserializer", "org.apache.kafka.common.serialization.String-
Deserializer")
    props.put("auto.offset.reset", "latest")
    props.put("flink.partition-discovery.interval-millis", "30000")
    val kafkaSource = new FlinkKafkaConsumer011[String]("flink_house",new Sim-
pleStringSchema(),props)

    kafkaSource.setCommitOffsetsOnCheckpoints(true)
    //设置 StateBackend
    val result: DataStream[String] = environment.addSource(kafkaSource)
```

```scala
    val orderResult: DataStream[OrderObj] = result.map(x => {
      val jsonObj: JSONObject = JSON.parseObject(x)
      val database: AnyRef = jsonObj.get("database")
      val table: AnyRef = jsonObj.get("table")
      val 'type': AnyRef = jsonObj.get("type")
      val string: String = jsonObj.get("data").toString
      OrderObj(database.toString,table.toString,'type'.toString,string)
    })
    orderResult.addSink(new HBaseSinkFunction)
    environment.execute()
  }
}
case class OrderObj(database:String,table:String,'type':String,data:String) extends Serializable
```

定义插入数据到 HBase 的程序。

```scala
import com.alibaba.fastjson.{JSON, JSONObject}
import org.apache.flink.configuration.Configuration
import org.apache.flink.streaming.api.functions.sink. { RichSinkFunction,
SinkFunction}
import org.apache.hadoop.conf
import org.apache.hadoop.hbase.{HBaseConfiguration, TableName}
import org.apache.hadoop.hbase.client._

class HBaseSinkFunction extends RichSinkFunction[OrderObj]{

  var connection:Connection = _
  var hbTable:Table  = _

  override def open(parameters: Configuration): Unit = {
    val configuration: conf.Configuration = HBaseConfiguration.create()
    configuration.set("hbase.zookeeper.quorum", "node01,node02,node03")
    configuration.set("hbase.zookeeper.property.clientPort", "2181")
    connection = ConnectionFactory.createConnection(configuration)
    hbTable = connection.getTable(TableName.valueOf("flink:data_orders"))
  }
  override def close(): Unit = {
    if (null != hbTable){
      hbTable.close()
    }
    if (null != connection){
      connection.close()
    }
```

```scala
  }

  def insertHBase(hbTable: Table, orderObj: OrderObj) = {
    val database: String = orderObj.database
    val table: String = orderObj.table
    val value: String = orderObj.'type'
    val orderJson: JSONObject = JSON.parseObject(orderObj.data)

    val orderId: String = orderJson.get("orderId").toString
    val orderNo: String = orderJson.get("orderNo").toString
    val userId: String = orderJson.get("userId").toString
    val goodId: String = orderJson.get("goodId").toString
    val goodsMoney: String = orderJson.get("goodsMoney").toString
    val realTotalMoney: String = orderJson.get("realTotalMoney").toString
    val payFrom: String = orderJson.get("payFrom").toString
    val province: String = orderJson.get("province").toString
    val createTime: String = orderJson.get("createTime").toString
    val put = new Put(orderId.getBytes())
    put.addColumn("f1".getBytes(),"orderNo".getBytes(),orderNo.getBytes())
    put.addColumn("f1".getBytes(),"userId".getBytes(),userId.getBytes())
    put.addColumn("f1".getBytes(),"goodId".getBytes(),goodId.getBytes())
    put.addColumn("f1".getBytes(),"goodsMoney".getBytes(),goodsMoney.get-
Bytes())
     put.addColumn("f1".getBytes(),"realTotalMoney".getBytes(),realTotal-
Money.getBytes())
    put.addColumn("f1".getBytes(),"payFrom".getBytes(),payFrom.getBytes())
    put.addColumn("f1".getBytes(),"province".getBytes(),province.getBytes())
    put.addColumn("f1".getBytes(),"createTime".getBytes(),createTime.getBytes())
/*
*
**/
    hbTable.put(put);

  }

  def deleteHBaseData(hbTable: Table, orderObj: OrderObj) = {
    val orderJson: JSONObject = JSON.parseObject(orderObj.data)
    val orderId: String = orderJson.get("orderId").toString
    val delete = new Delete(orderId.getBytes())
    hbTable.delete(delete)

  }
```

```scala
override def invoke(orderObj: OrderObj, context: SinkFunction.Context[_]): U-
nit = {

    val database: String = orderObj.database
    val table: String = orderObj.table
    val typeResult: String = orderObj.'type'
    if (database.equalsIgnoreCase("product") && table.equalsIgnoreCase("
kaikeba_orders")){
        if (typeResult.equalsIgnoreCase("insert")){
        //插入 HBase 数据
        insertHBase(hbTable,orderObj)
        }else if (typeResult.equalsIgnoreCase("update")){
        //更新 HBase 数据
        insertHBase(hbTable,orderObj)

        }else if (typeResult.equalsIgnoreCase("delete")){
        //删除 HBase 数据
        deleteHBaseData(hbTable,orderObj)
        }
    }
  }
}
```

5. 启动订单生成程序

启动订单生成程序，然后观察 HBase 数据库中的数据。

9.6 本章小结

Flink 擅长处理实时的流式数据，本章通过 maxwell 将实时业务数据解析后存入了 Kafka 中。通过 Flink 的实时处理程序可以对业务库中的实时数据进行同步处理，然后将处理之后的数据存储到 HBase 中。

第 *10* 章

基于 Kylin 的实时数据统计

　　前面已经通过 maxwell 以及 Flink 实现了实时业务库中的数据解析，并将数据落地到了 HBase，接下来通过另外一个实时处理工具 Kylin 来实现实时数仓中的数据计算操作。

10.1 Kylin 简介

Apache Kylin 是一个开源的分布式存储引擎，最初由 eBay 开发并贡献至开源社区。它提供 Hadoop 上的 SQL 查询接口及联机分析处理（OLAP，也称为多维分析）能力以支持大规模数据，能够处理数据量为 TB 级别乃至 PB 级别的分析任务，能够在亚秒级查询巨大的 Hive 表，并支持高并发。Kylin 提供与多种数据可视化工具的整合能力，如 Tableau、PowerBI 等，使用户可以使用 BI 工具对 Hadoop 数据进行分析。

10.1.1 为什么要使用 Kylin

随着 Hadoop 的诞生和发展，存储和计算的问题已经有了较为妥善的解决方案，例如在数据存储方面有 HDFS、HBase 等方式，数据计算方面有 MapReduce、Hive、Spark、Flink 等多种选择，而如何快速、高效地分析数据又成为下一个挑战，于是各种"SQL on Hadoop"技术应运而生，包括 Phoenix、SparkSQL、Impala、Presto 等，其中以 Hive 为代表。这些技术均采用了大规模并行处理（Massive Parallel Processing，MPP）和列式存储（Columnar Storage）方式，但它们在海量数据处理方面速度都比较慢，尤其是 Hive，其早期版本的底层计算框架使用的是 MapReduce，计算速度更慢。

不过有了大量的"SQL on Hadoop"解决框架后，实现大规模并行处理成为可能。通过大规模并行处理可以调动多台机器进行并行计算，以空间换时间，使计算时间线性下降；而通过使用列式存储的方式将数据按列存储，不仅可以让用户访问时只读取需要的列，还可以利用存储设备擅长连续读取的特点来提高读取速度。基于这两项技术，Hadoop 的数据查询速度从小时级提高到了分钟级别，然而分钟级别的响应速度与交互式数据查询分析的速度需求还相差甚远。分析人员往往需要根据查询和分析结果反复修改查询语句，直至得到满意的结果，这常常需要几小时甚至几天才能完成，效率非常低下。

大规模并行处理和列式存储虽然提高了计算和存储速度，但是并没有改变问题本身的时间复杂度，查询时间仍然随着数据量增多而变长。对于亿级数据量可以通过扩大计算集群来降低查询速度，但采购成本和运维成本也会随之增加。另外，对于分析人员来说，直接访问大量复杂的原始数据进行分析并不是很好的体验，特别是对于超大规模的数据集，分析人员将更多的精力花在了等待查询结果上，而不是在更加重要的领域模型上。

基于以上各种问题，业界亟需一个全新的数据处理方式，解决数据分析时间随着数据量的增加而线性增加的问题，使两者之间没有太大关系，以提高数据的查询响应速度，而 Kylin 就是这样一个数据分析框架。Kylin 是一个开源的分布式分析引擎，提供 Hadoop/Spark 之上的 SQL 查询接口及多维分析（OLAP）能力以支持超大规模数据，最初由 eBay 开发并贡献至开源社区，它能在亚秒内查询巨大的 Hive 表。除了能够快速查询海量数据之外，Kylin 还具有其他优点，如性能稳定、数据的精确性高、易于上手、社区活跃等，这些优点使得 Kylin 能够飞速发展，并且越来越多的公司都在布局 Kylin 的生态。

10.1.2　Kylin 的使用场景

Kylin 的核心思想是利用空间换时间，由于查询方面制订了多种灵活的策略，进一步提高空间的利用率，使得这样的平衡策略在应用中是值得采用的。如果遇到了以下的场景，可以考虑使用 Kylin。

1）数据存储于 Hadoop 的 HDFS 分布式文件系统中，并且使用 Hive 来基于 HDFS 构建数据仓库系统，并进行数据分析，但是数据量巨大，比如达到 PB 级别。

2）使用 HBase 来进行数据的存储和使用利于 HBase 的行键实现数据的快速查询。

3）数据分析平台的数据量逐日累积。

4）数据分析的维度为 10 个左右。

如果类似于上述的场景，那么非常适合使用 Apache Kylin 来做大数据的多维分析。

10.1.3　Kylin 如何解决海量数据的查询问题

Apache Kylin 的初衷就是要解决千亿条、万亿条记录的秒级查询问题，其中的关键就是要打破查询时间随着数据量呈线性增长的规律。仔细思考大数据 OLAP，可以注意到两个事实。

1）大数据查询要的一般是统计结果，是多条记录经过聚合函数计算后的统计值。原始的记录则不是必需的，或者访问频率和概率都极低。

2）聚合是按维度进行的，由于业务范围和分析需求是有限的，有意义的维度聚合也是相对有限的，一般不会随着数据的膨胀而增长。

基于以上两点，可以得到一个新的思路——"预计算"。应尽量多地预先计算聚合结果，在查询时应尽量使用预计算的结果得出查询结果，从而避免直接扫描可能无限增长的原始记录。

以查询购物平台 2020 年 5 月 1 日销量最高的商品为例。对于传统的查询方式，首先需要从所有记录中找到 5 月 1 日的记录，然后按商品聚合销售额，最后按每个商品的销售额进行排序并返回销量最高的商品。在购物平台上，这样的查询面对的数据量巨大，而且随着销售记录的增长，查询速度会下降。如果使用预计算的方法，事先按维度［日期，商品］计算销售总额并存储下来，对于以上查询就可以直接返回结果了，其查询速度只会随日期和商品数量的变化而变化，与销售记录的数量不再有直接联系。

预计算就是 Kylin 在大规模并行处理和列式存储之外，提供给大数据分析的第三个关键技术，这三种技术使得 Kylin 成为快速查询海量数据的有效工具。

10.2　Kylin 基础知识

Kylin 就是一个专门做多维计算的工具，如果想通过 Kylin 来实现数仓的实时计算，就需要了解一些关于数仓的前置知识。

10.2.1　数据仓库、OLAP、BI

数据应用是真正体现数据仓库价值的部分，包括又不局限于数据可视化、BI、OLAP、即席查询、实时大屏、用户画像、推荐系统、数据分析、数据挖掘、人脸识别、风控反欺诈等。接下来认识一下数据仓库、OLAP、BI 的基本概念。

1. 数据仓库

数据仓库英文名称为 Data Warehouse，简称 DW。《建立数据仓库》一书中的定义 为：数据仓库就是面向主题的、集成的、相对稳定的、随时间不断变化（不同时间）的数据集合，用以支持经营管理中的决策制订过程，数据仓库中的数据面向主题，与传统数据库面向应用相对应。

利用数据仓库存放的资料具有一旦存入便不会随时间发生变动的特性，此外，存入的资料必定包含时间属性，通常一个数据仓库中会含有大量的历史性资料，并且它可利用特定的分析方式，从中发掘出特定的信息。

2. OLAP

（1）OLAP 的基本概念

OLAP 以多维度的方式分析数据，而且能够弹性地提供上卷（Roll-up）、下钻（Drill-down）和切片（Slice）等操作，它是呈现集成性决策信息的方法，多用于决策支持系统、商务智能或数据仓库。其主要功能在于方便大规模数据分析及统计，可为决策提供参考和支持。与之相区别的是 OLTP（联机交易处理），OLTP 更侧重于基本的、日常的事务处理，包括数据的增删改查。

OLAP 需要以大量历史数据为基础，再配合时间点的差异，对多维度及汇总型的信息进行复杂的分析。

OLAP 需要用户有主观的信息需求定义，因此系统效率较佳。OLAP 的概念在实际应用中存在广义和狭义两种不同的理解方式。广义上的理解与字面上的意思相同，泛指一切不会对数据进行更新的分析处理。但更多的情况下 OLAP 被理解为其狭义上的含义，即与多维分析相关，是基于立方体（Cube）计算进行的分析。

OLAP 是一种软件技术，它使分析人员能够迅速、一致、交互地从各个方面观察信息，以达到深入理解数据的目的。从各方面观察信息，也就是从不同的维度分析数据，因此 OLAP 也称为多维分析，如图 10-1 所示，通过多维分析来实现不同角度的数据分析。

（2）OLAP 的类型

OLAP 按存储方式可以分为 ROLAP、MOLAP 和 DOLAP，按处理方式可以分为 Server OLAP 和 Client OLAP，如图 10-2 所示。

（3）OLAP Cube 的维度

如图 10-3 所示，MOLAP 基于多维数据集，一个多维数据集称为一个 OLAP Cube。

用户性别	用户地区	用户年龄	用户邮箱	下单金额	分析下单金额总和的规律，需要从不同维度进行
0	华北	25	██████@163.com	200	角度1：地区
1	华南	35	███@yahoo.com	600	角度2：地区 + 性别
1	华东	27	███@ali.com	800	角度3：地区 + 性别 + 年龄
0	华北	32	█████@163.com	1500	角度4：性别 + 年龄
0	华东	41	█████@163.com	320	角度5：地区 + 邮箱类型 + 年龄
0	华南	56	████@yahoo.com	470	
1	华北	29	████@163.com	510	
0	华北	18	█████@yahoo.com	660	
0	华东	24	█████@163.com	410	
0	华东	25	█████@163.com	380	

● 图 10-1　多维分析

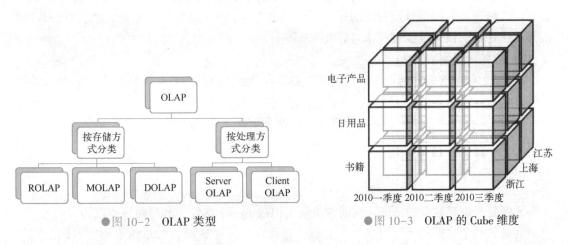

● 图 10-2　OLAP 类型

● 图 10-3　OLAP 的 Cube 维度

（4）Cube 与 Cuboid

图 10-4 显示了 Cube 与 Cuboid（长方体）的类型关系。

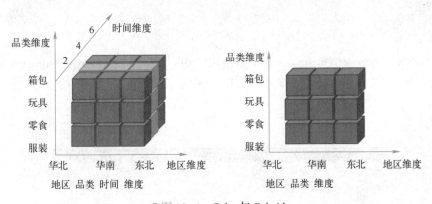

● 图 10-4　Cube 与 Cuboid

3. BI

BI（Business Intelligence，商务智能）指用现代数据仓库技术、在线分析技术、数据挖掘和数据展现技术进行数据分析以实现商业价值。

10.2.2 事实表与维度表

事实表（Fact Table）是指存储有事实记录的表，如系统日志、销售记录等。事实表的记录在不断地动态增长，所以它的体积通常远大于其他表。

维度表或维表（Dimension Table），有时也称为查找表（Lookup Table），是分析事实的一种角度，是与事实表相对应的一种表。它保存了维度的属性值，可以跟事实表做关联，相当于将事实表上经常重复出现的属性抽取、规范出来并用一张表进行管理。常见的维度表有：日期表（存储与日期对应的周、月、季度等属性）、地点表（包含国家、省/州、城市等属性）等。使用维度表有诸多好处，具体如下。

1）压缩了事实表的大小。

2）便于对维度的管理和维护，增加、删除和修改维度的属性时不必对事实表的大量记录进行改动。

3）维度表可以为多个事实表所重用，以减少重复工作。

10.2.3 维度与度量

维度是指审视数据的角度，它通常是数据记录的一个属性，如时间、地点等。

度量是基于数据所计算出来的考量值，它通常是一个数值，如总销售额、不同的用户数等。分析人员往往要结合若干个维度来审查度量值，以便在其中找到变化规律。在一个SQL查询中，"Group By"的属性通常就是维度，而所计算的值则是度量。比如下面的示例。

```
select part_dt,lstg_site_id,sum(price) as total_selled,count(distinct seller_
id) as sellers from kylin_sales group by part_dt,lstg_site_id
```

这个查询中，part_dt和lstg_site_id是维度，sum（price）和count（distinct seller_id）是度量，图10-5就清楚地展示了维度和度量的区别。

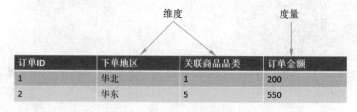

●图 10-5　维度和度量的区别

10.2.4 数据仓库常用建模方式

1. 星形模型

星形模型中有一张事实表，以及零个或多个维度表。事实表与维度表通过主键、外键相关联，维度表之间没有关联，就像很多星星围绕在一个恒星周围，故取名为星形模型，如图10-6所示。

●图10-6　星形模型

2. 雪花模型

若将星形模型中某些维度的表再做规范，抽取成更细的维度表，然后让维度表之间也进行关联，那么这种模型称为雪花模型，如图10-7所示。

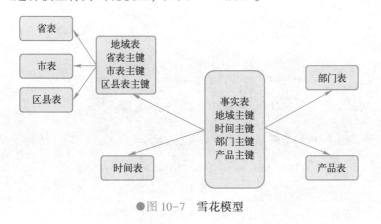

●图10-7　雪花模型

3. 星座模型

星座模型由星形模型延伸而来，星型模型是基于一张事实表的，而星座模型是基于多张事实表的，而且共享维度信息。前面介绍的两种维度建模方法都是多维表对应单事实表，但在很多时候维度空间内的事实表不止一个，而一个维度表也可能被多个事实表使用。在业务发展后期，绝大部分维度建模都采用的是星座模型，如图10-8所示。

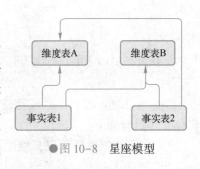

●图10-8　星座模型

10.2.5　数据立方体

数据立方体（Data Cube）是一种常用于数据分析与索引的技术，它可以对原始数据建立多维度索引。通过 Cube 对数据进行分析，可以大大加快数据的查询效率。

Cuboid 在 Kylin 中特指在某一种维度组合下所计算的数据。给定一个数据模型，分析人员可以对其上的所有维度进行组合。对于 N 个维度来说，组合的所有可能性共有 2^N 种。对于每一种维度的组合，将度量做聚合运算，然后将运算结果保存为一个物化视图，称为 Cuboid。所有维度组合的 Cuboid 作为一个整体，被称为 Cube。所以简单来说，一个 Cube 就是许多按维度聚合的物化视图的集合。

下面列举一个具体的例子。假定有一个电商的销售数据集，其中维度包括时间（Time）、商品（Item）、地点（Location）和供应商（Supplier），度量为销售额（GMV）。那么所有维度的组合就有 $2^4 = 16$ 种，其中，一维度（1D）的组合有［Time］、［Item］、［Location］、［Supplier］四种；二维度（2D）的组合有［Time，Item］、［Time，Location］、［Time、Supplier］、［Item，Location］、［Item，Supplier］、［Location，Supplier］六种；三维度（3D）的组合也有四种；最后零维度（0D）和四维度（4D）的组合各有一种。图 10-9 显示了四种维度下的各种组合方式。

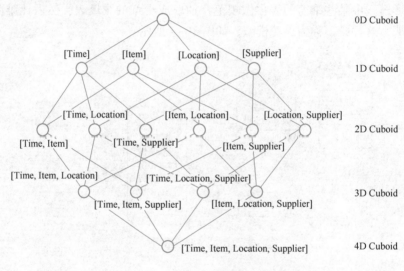

●图 10-9　Cube 的各种维度组合方式

10.2.6　Kylin 的工作原理

Apache Kylin 的工作原理就是对数据模型做 Cube 预计算，并利用计算结果加速查询，具体工作过程如下。

1）指定数据模型，定义维度和度量。

2）预计算 Cube，计算所有 Cuboid 并保存为物化视图。

3）执行查询时，读取 Cuboid，运算后产生查询结果。

Kylin 的查询过程不会扫描原始记录，而是通过预计算预先完成表的关联、聚合等复杂运算，并利用预计算的结果来执行查询，因此相比非预计算的查询技术，其速度一般要快一两个数量级，并且这一点在超大的数据集上优势更明显。当数据集达到千亿级别乃至万亿级别时，Kylin 的速度甚至可以超越其他非预计算技术 1000 倍以上。

10.2.7 Kylin 的体系架构

Apache Kylin 系统可以分为在线查询和离线构建两部分，技术架构如图 10-10 所示，在线查询的模块主要处于上半区，而离线构建则处于下半区。

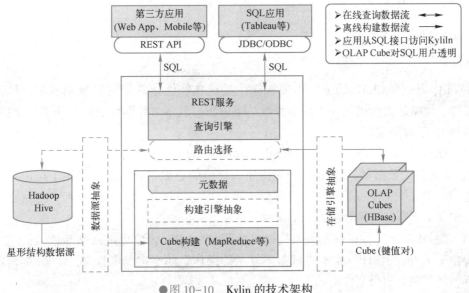

●图 10-10　Kylin 的技术架构

1. REST 服务器（REST Server）

REST Server 是 Kylin 对外提供 REST 服务的一个接口，主要用于解决 Kylin 平台的应用对外提供服务的问题，可以通过 REST 服务对外提供查询、获取结果、触发 Cube 任务构建、获取元数据以及获取用户权限等功能。当然也可以通过 Restful 接口实现 SQL 查询，通过 SQL 语句即可实现结果获取等需求。

2. 查询引擎（Query Engine）

当 Cube 构建好之后，查询引擎就派上用场了。通过使用查询引擎，可以获取 Cube 构建之后的最终结果，拿到需要的数据，并将结果返回给用户。

3. 路由器（Routing）

废弃功能。Kylin 最初考虑到某些查询功能比较麻烦，希望引入 Hive 中执行，但是发现 Hive 执行太慢，无法快速返回用户想要的结果，所以直接将这个功能关闭，不再启用。

4. 元数据管理工具（Metadata）

元数据管理是 Kylin 中的又一大模块，主要用于保存 Kylin 中的所有元数据，其中包括 Cube 构建的元数据。其他各个组件模块的运行也都需要将元数据的管理作为基础。Kylin 的最终真实结果数据都存储在 HBase 中。

5. 任务引擎（Cube Build Engine）

设计任务引擎的主要目的在于处理所有离线任务，包括 Hive 的任务、JavaAPI 的任务以及 MaPreduce 任务等。通过任务引擎对 Kylin 中的所有任务进行管理与协调，能够确保所有的任务都能够有序地执行下去。

10.2.8　Kylin 的特点

Kylin 作为一个 OLAP 的分析引擎框架，其优良特性让其使用者越来越多，包括支持 SQL 接口、支持超大数据集、支持亚秒级结果输出、具备可伸缩性和高吞吐率，支持 JDBC 以及各种 BI 工具集成等。

1）SQL 接口支持：Kylin 可以对外提供标准的 SQL 服务。

2）支持超大数据集：Kylin 完全支持超大规模的数据集查询，可以在千亿记录中实现秒级查询。早在 2015 年 eBay 的生产环境中就能支持百亿记录的秒级查询，之后在移动应用场景中又有了千亿记录秒级查询的案例。

3）亚秒级响应：就算是在超大数据集的面前，Kylin 仍然可以做到亚秒级的响应，这一点得益于 Kylin 的预计算技术，对很多复杂的操作，如连接、聚合等，Kylin 都提前做好了计算，从而对外提供高性能的查询。

4）可伸缩性和高吞吐率：单节点 Kylin 可实现每秒 70 个查询，还可以搭建 Kylin 的集群。

5）BI 工具集成：Kylin 可以与现有的 BI 工具集成，具体包括如下内容。

- ODBC：与 Tableau、Excel、PowerBI 等工具集成。
- JDBC：与 Saiku、BIRT 等 Java 工具集成。
- REST API：与 JavaScript、Web 网页集成。

Kylin 开发团队还贡献了 Zepplin 的插件，也可以使用 Zepplin 来访问 Kylin 服务。

10.3　Kylin 环境搭建

前面已经介绍了数仓的一些基础知识，接下来先学习搭建 Kylin 环境，然后通过 Kylin 来实现数据计算功能。

1. 官网

http://kylin.apache.org/cn/。

2. 官方文档

http://kylin.apache.org/cn/docs/。

3. 下载地址

http：//kylin. apache. org/cn/download/。

10.3.1 单机模式安装

Kylin 的运行环境分为单机模式和集群模式，单机模式只需要在任意一台机器安装 Kylin 服务即可，集群模式可以在所有机器上面都安装，然后将所有机器的 Kylin 组成集群。

Kylin 的服务安装需要依赖于 Zookeeper、HDFS、YARN、Hive、HBase 等各种服务，在安装 Kylin 之前需要保证这些服务都是正常的，表 10-1 所示为一个分布式集群的服务划分，这里使用三台机器来实现各种服务的安装，包括 Zookeeper、Hadoop、HBase、Hive 等。

表 10-1 集群服务划分

服　务	Node01	Node02	Node03
Zookeeper	QuorumPeerMain	QuorumPeerMain	QuorumPeerMain
HDFS	namenode		
	secondaryNameNode		
	DataNode	DataNode	DataNode
YARN	ResourceManager		
	NodeManager	NodeManager	NodeManager
MapReduce	JobHistoryServer		
HBase	HMaster		
	HRegionServer	HRegionServer	HRegionServer
Hive			HiveServer2
			MetaStore

1. 下载 Kylin 安装包并上传解压

Kylin 安装包下载地址为 http：//mirrors. tuna. tsinghua. edu. cn/apache/kylin/apache-kylin-2. 6. 3/apache-kylin-2. 6. 3-bin-cdh57. tar. gz。

将安装包上传到 node03 服务器的 "/kkb/soft" 路径下，并解压到 "/kkb/install"。

在 node03 上执行以下命令，进行解压。

```
cd /kkb/soft
tar -zxf apache-kylin-2.6.3-bin-cdh57.tar.gz  -C /kkb/install/
```

2. node03 服务器环境变量配置

在 node03 服务器上添加以下环境变量。

```
sudovim /etc/profile

export JAVA_HOME = /kkb/install/jdk1.8.0_141
export PATH = : $ JAVA_HOME/bin: $ PATH


export HADOOP_HOME = /kkb/install/hadoop-2.6.0-cdh5.14.2
export PATH = : $ HADOOP_HOME/bin: $ PATH


export HBASE_HOME = /kkb/install/hbase-1.2.0-cdh5.14.2
export PATH = : $ HBASE_HOME/bin: $ PATH


export HIVE_HOME = /kkb/install/hive-1.1.0-cdh5.14.2
export PATH = : $ HIVE_HOME/bin: $ PATH


export HCAT_HOME = /kkb/install/hive-1.1.0-cdh5.14.2
export PATH = : $ HCAT_HOME/hcatalog: $ PATH


export KYLIN_HOME = /kkb/install/apache-kylin-2.6.3-bin-cdh57
export PATH = : $ KYLIN_HOME/bin: $ PATH


export dir = /kkb/install/apache-kylin-2.6.3-bin-cdh57/bin
export PATH = $ dir: $ PATH
```

更改完环境变量之后，记得执行命令"source /etc/profile"，以便使更改生效。

3. node03 启动 Kylin 服务

在 node03 上执行以下命令启动 Kylin 服务

```
cd /kkb/install/apache-kylin-2.6.3-bin-cdh57
bin/kylin.sh start
```

4. 浏览器访问 Kylin 服务

访问地址为 http://node03.kaikeba.com:7070/kylin/，用户名：ADMIN，密码：KYLIN。

10.3.2 集群环境搭建

单机 Kylin 环境主要用于测试学习，实际工作中主要还是使用 Kylin 的集群模式进行开发，接下来就来看一下 Kylin 的集群模式该如何运行。Kylin 的实例是无状态的，运行时的状态保存在 HBase 的元数据中（由 kylin.metadata.url 指定），只要每个实例都指向共同的元数据就可以完成集群的部署（即元数据共享）。

对于每个实例，都必须指定实例运行的模式（kylin.server.mode），共有三种模式。

- job：只能运行 Job 引擎。
- query：只能运行查询引擎。
- all：既可以运行 Job 又可以运行 Query。

query 模式下只支持 sql 查询，不执行 Cube 的构建等相关操作。注意：Kylin 集群中只能有一个实例运行 Job 引擎，其他必须是 query 模式。图 10-11 列出了 Kylin 的各种运行模式。

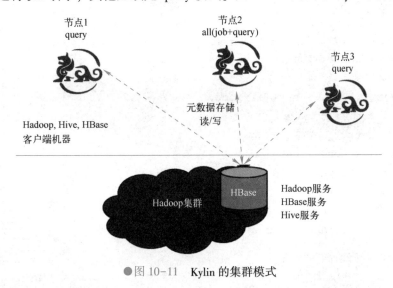

●图 10-11　Kylin 的集群模式

1. 集群模式重要配置参数

当 Kylin 以集群模式运行的时候，会存在多个运行实例，可以通过 conf/kylin.properties 中的两个参数进行设置。

```
kylin.server.cluster-servers
```

列出所有 REST Web 服务，使得实例之间进行同步，比如设置为：

```
kylin.server.cluster-servers=node01:7070,node02:7070,node03:7070
kylin.server.mode
```

确保一个实例配置的是 all 或者 job，其他都必须是 query 模式。

2. 将 node03 服务器的 Kylin 安装包分发到其他机器

在 node03 上执行以下命令，先停止 Kylin 服务，然后将 Kylin 安装包分发到其他服务器。

```
cd /kkb/install/apache-kylin-2.6.3-bin-cdh57
bin/kylin.sh stop
cd /kkb/install/
scp -r apache-kylin-2.6.3-bin-cdh57/node02:$PWD
scp -r apache-kylin-2.6.3-bin-cdh57//node01:$PWD
```

3. 三台机器修改 Kylin 配置文件 kylin. properties

node01 服务器修改配置文件。

```
cd /kkb/install/apache-kylin-2.6.3-bin-cdh57/conf/
vim kylin.properties

kylin.metadata.url=kylin_metadata@hbase
kylin.env.hdfs-working-dir=/kylin
kylin.server.mode=query
kylin.server.cluster-servers=node01:7070,node02:7070,node03:7070
kylin.storage.url=hbase
kylin.job.retry=2
kylin.job.max-concurrent-jobs=10
kylin.engine.mr.yarn-check-interval-seconds=10
kylin.engine.mr.reduce-input-mb=500
kylin.engine.mr.max-reducer-number=500
kylin.engine.mr.mapper-input-rows=1000000
```

node02 服务器修改配置文件。

```
cd /kkb/install/apache-kylin-2.6.3-bin-cdh57/conf/
vim kylin.properties

kylin.metadata.url=kylin_metadata@hbase
kylin.env.hdfs-working-dir=/kylin
kylin.server.mode=query
kylin.server.cluster-servers=node01:7070,node02:7070,node03:7070
kylin.storage.url=hbase
kylin.job.retry=2
kylin.job.max-concurrent-jobs=10
kylin.engine.mr.yarn-check-interval-seconds=10
kylin.engine.mr.reduce-input-mb=500  .
kylin.engine.mr.max-reducer-number=500
kylin.engine.mr.mapper-input-rows=1000000
```

node03 服务器修改配置文件。

```
cd /kkb/install/apache-kylin-2.6.3-bin-cdh57/conf/
vim kylin.properties

kylin.metadata.url=kylin_metadata@hbase
kylin.env.hdfs-working-dir=/kylin
kylin.server.mode=all
kylin.server.cluster-servers=node01:7070,node02:7070,node03:7070
```

```
kylin.storage.url=hbase
kylin.job.retry=2
kylin.job.max-concurrent-jobs=10
kylin.engine.mr.yarn-check-interval-seconds=10
kylin.engine.mr.reduce-input-mb=500
kylin.engine.mr.max-reducer-number=500
kylin.engine.mr.mapper-input-rows=1000000
```

4. 三台机器配置环境变量

在三台机器上编辑/etc/profile，添加环境变量。注意：需要将 Hive 的安装文件夹复制到每一台机器上。

```
sudo vim  /etc/profile

export JAVA_HOME=/kkb/install/jdk1.8.0_141
export PATH=:$JAVA_HOME/bin:$PATH

export HADOOP_HOME=/kkb/install/hadoop-2.6.0-cdh5.14.2
export PATH=:$HADOOP_HOME/bin:$PATH

export HBASE_HOME=/kkb/install/hbase-1.2.0-cdh5.14.2
export PATH=:$HBASE_HOME/bin:$PATH

export HIVE_HOME=/kkb/install/hive-1.1.0-cdh5.14.2
export PATH=:$HIVE_HOME/bin:$PATH

export HCAT_HOME=/kkb/install/hive-1.1.0-cdh5.14.2
export PATH=:$HCAT_HOME/hcatalog:$PATH

export KYLIN_HOME=/kkb/install/apache-kylin-2.6.3-bin-cdh57
export PATH=:$KYLIN_HOME/bin:$PATH

export dir=/kkb/install/apache-kylin-2.6.3-bin-cdh57/bin
export PATH=$dir:$PATH

export HBASE_CLASSPATH=/kkb/install/hbase-1.2.0-cdh5.14.2
export PATH=:$HBASE_CLASSPATH:$PATH
```

5. 三台机器启动 Kylin 服务

在三台机器上执行以下命令启动 Kylin 服务。

```
cd /kkb/soft/apache-kylin-2.6.3-bin-cdh57
bin/kylin.sh start
```

6. node02 安装 nginx 实现请求负载均衡

注意：

nginx 需要使用 root 权限进行安装。

将 nginx 的安装包上传到 "/kkb/soft" 路径下，然后解压，并对 nginx 的配置文件进行修改，然后启动 nginx 服务即可。

（1）解压 nginx 压缩包

进入目录执行解压命令。

```
cd /kkb/soft/
tar -zxf nginx-1.8.1.tar.gz -C /kkb/install/
```

（2）编译 nginx

使用以下命令进行 nginx 编译。

```
yum -y install gccpcre-devel zlib-devel openssl openssl-devel
cd /kkb/install/nginx-1.8.1/
./configure --prefix=/usr/local/nginx
make
make install
```

（3）修改 nginx 的配置文件

在 node02 上执行以下命令，开始修改 nginx 的配置文件。

```
cd /usr/local/nginx/conf
vimnginx.conf
```

在 nginx. conf 文件的最后一个 "}" 上面一行，添加以下内容。

```
upstream kaikeba {
        least_conn;
        server 192.168.52.100:7070 weight=8;
        server 192.168.52.110:7070 weight=7;
        server 192.168.52.120:7070 weight=7;
    }
    server {
        listen 8066;
        server_name localhost;
        location /{
        proxy_pass http://kaikeba;
        }
    }
```

（4）nginx 的启动与停止

在 node02 上执行以下命令，启动 nginx 服务。

```
cd /usr/local/nginx/
sbin/nginx  -c conf/nginx.conf
```

在 node02 上执行以下命令，停止 nginx 服务。

```
cd /usr/local/nginx/
sbin/nginx -s stop
```

（5）浏览器访问

访问网址 http://node02:8066/kylin/，就可以实现负载均衡。

10.4　Kylin 的使用

Kylin 环境搭建成功之后，就可以在 Hive 中创建数据库以及数据库表，然后通过 Kylin 来实现数据查询了。

10.4.1　创建 Hive 数据

dept（部门）表数据结构如下。

```
10  ACCOUNTING  1700
20  RESEARCH    1800
30  SALES  1900
40  OPERATIONS  1700
```

emp（员工）表数据结构如下。

```
369   SMITH    CLERK       7902   1980-12-17   800.00     20
7499  ALLEN    SALESMAN    7698   1981-2-20    1600.00    300.00  30
7521  WARD     SALESMAN    7698   1981-2-22    1250.00    500.00  30
7566  JONES    MANAGER     7839   1981-4-2     2975.00    20
7654  MARTIN   SALESMAN    7698   1981-9-28    1250.00    1400.00 30
7698  BLAKE    MANAGER     7839   1981-5-1     2850.00    30
7782  CLARK    MANAGER     7839   1981-6-9     2450.00    10
7788  SCOTT    ANALYST     7566   1987-4-19    3000.00    20
7839  KING     PRESIDENT          1981-11-17   5000.00    10
7844  TURNER   SALESMAN    7698   1981-9-8     1500.00    0.00    30
7876  ADAMS    CLERK       7788   1987-5-23    1100.00    20
7900  JAMES    CLERK       7698   1981-12-3    950.00     30
7902  FORD     ANALYST     7566   1981-12-3    3000.00    20
7934  MILLER   CLERK       7782   1982-1-23    1300.00    10
```

将以上两份文件上传到 node03 服务器的"/kkb/install"路径下。

```
cd /kkb/install/hive-1.1.0-cdh5.14.2/
bin/beeline
```

创建数据库并使用该数据库。

```
create database kylin_hive;
use kylin_hive;
```

创建 dept 表。

```
create external table if not existskylin_hive.dept(
deptno int,
dname string,
loc int )
row format delimited fields terminated by '\t';
```

创建 emp 表。

```
create external table if not existskylin_hive.emp(
empno int,
ename string,
job string,
mgr int,
hiredate string,
sal double,
comm double,
deptno int)
row format delimited fields terminated by '\t';
```

查看创建的表。

```
jdbc:hive2://node03:10000> show tables;
OK
tab_name
dept
emp
```

向外部表中导入数据。

```
load data localinpath '/kkb/install/dept.txt' into table kylin_hive.dept;
load data localinpath '/kkb/install/emp.txt' into table kylin_hive.emp;
```

查询结果。

```
jdbc:hive2://node03:10000> select * from emp;
jdbc:hive2://node03:10000> select * from dept;
```

10.4.2　创建 Kylin 工程

1. 直接在浏览器访问

访问 http://node02:8066/kylin/login 并登录 Kylin，用户名：ADMIN，密码：KYLIN。

2. 创建工程

单击"+"号来创建工程，如图 10-12 所示。

●图 10-12　创建 Kylin 工程

3. 输入工程名称以及工程描述

在创建工程页面输入工程名以及工程描述，然后单击"submit"按钮完成工程创建，如图 10-13 所示。

●图 10-13　输入工程名及工程描述

4. 为工程添加数据源

为工程添加用于计算的数据源，如图 10-14 所示。

Models
Data Source
Tables
No tables
Click here to load your table
No Result.

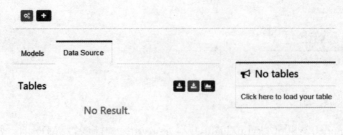

●图 10-14　添加数据源

5. 添加数据源表

有了数据源之后，就可以为 Kylin 添加表了，如图 10-15 所示。

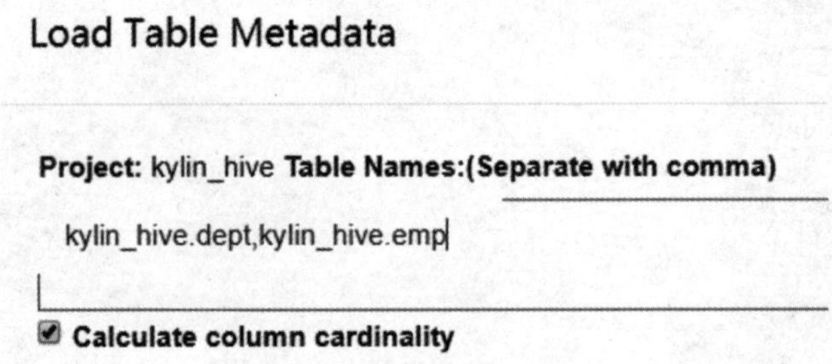

Load Table Metadata
Project: kylin_hive Table Names:(Separate with comma)
kylin_hive.dept,kylin_hive.emp
Calculate column cardinality

●图 10-15　添加数据源表

10.4.3　为 Kylin 添加模型

创建好工程之后，为工程添加模型。

1）切换到“Models”选项卡，如图 10-16 所示。

Kylin
kylin_hive
Insight
Model
Monitor
System
Models
Data Source
Cubes
+ New
Models (0)
No Result.

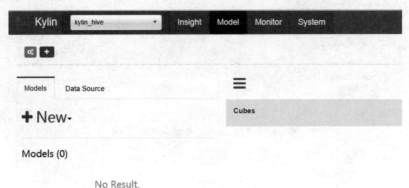

●图 10-16　“Models”选项卡

2）为工程添加新的模型，如图 10-17 所示。

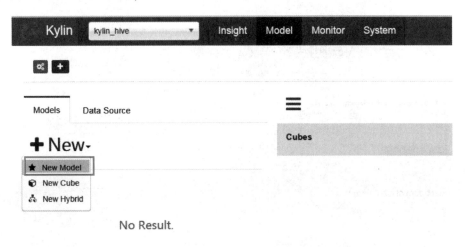

●图 10-17　添加 model

3）填写"Model Name"文本框，如图 10-18 所示。

●图 10-18　填写模型名称

4）给模型选择事实表并且添加维度表，如图 10-19 和图 10-20 所示。这里选择 emp 作为事实表，添加 dept 作为维度表，并选择 join 方式和 join 条件，如图 10-21 所示。

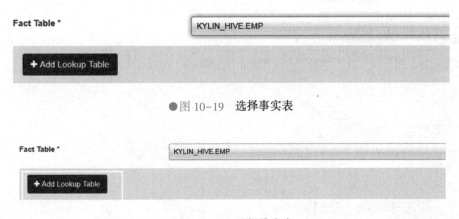

●图 10-19　选择事实表

●图 10-20　选择维度表

5）选择聚合维度信息，如图 10-22 所示。

6）选择度量信息，如图 10-23 所示。

Add Lookup Table

EMP

Inner Join　　join方式为inner join

DEPT　　　　　　　AS　　DEPT

☐ Skip snapshot for this lookup table. ❶

DEPTNO　=　DEPTNO

➕ New Join Condition　　join条件为DEPTNO

●图 10-21　维度信息

Select dimension columns

ID	Table Alias	Columns
1	EMP	JOB × MGR × EMPNO ×
2	DEPT	DNAME × DEPTNO ×

●图 10-22　选择聚合维度信息

Select measure columns

ID	Table Alias	Columns
1	EMP	SAL ×

●图 10-23　选择度量信息

7）添加分区信息及过滤条件之后进行保存，如图 10-24 所示。为 Kylin 工程添加分析信息和过滤条件能使 Cube 构建更加快速。

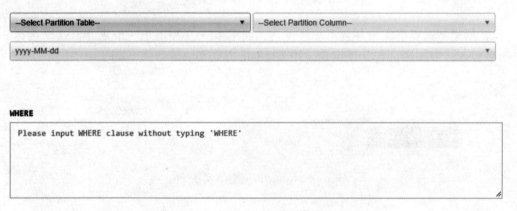

--Select Partition Table--　　--Select Partition Column--

yyyy-MM-dd

WHERE

Please input WHERE clause without typing 'WHERE'

●图 10-24　添加分区信息

10.4.4　通过 Kylin 来构建 Cube

前面已经创建了工程和模型，接下来就来构建 Cube。

1）创建一个新的 Cube，如图 10-25 所示。

2）选择模型，填写 Cuble 名称，如图 10-26 所示。

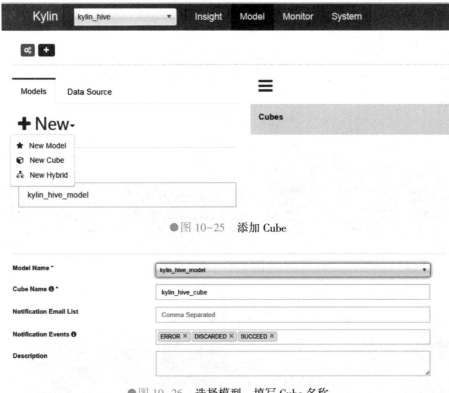

●图 10-25　添加 Cube

●图 10-26　选择模型，填写 Cube 名称

3) 添加自定义维度，如图 10-27 和图 10-28 所示。

●图 10-27　添加维度

●图 10-28　自定义维度

4) 为定义的 Cube 添加维度统计，如图 10-29 和图 10-30 所示。

5) 设置多个分区 Cube 合并信息，如图 10-31 所示。因为这里是全量统计，不涉及多个分区 Cube 进行合并，所以不用设置历史多个 Cube 进行合并。

Name	Expression	Parameters	Return Type
COUNT	COUNT	⌐Value:**1**, Type:**constant**	bigint

+ Measure

●图 10-29   添加维度统计

Edit Measure

Name	sal_sum
Expression ❶	SUM
Param Type	column
Param Value ❶	EMP.SAL ☐ **Also Show Dimensions**
Return Type	DOUBLE

OK   Cancel

●图 10-30   确定维度统计

Auto Merge Thresholds ❶	7	days	➖
	28	days	➖

New Thresholds +

Volatile Range ❶	0
Retention Threshold ❶	0
Partition Start Date	

●图 10-31   设置分区 Cube 合并信息

6）进行高级设置，这里暂时不做任何设置，如图 10-32所示，直接到下一步即可。

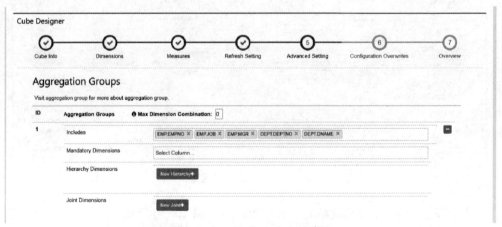

●图 10-32   构建 Cube 高级属性

7）设置 Cube 的其他属性，这里也暂时不做配置，如图 10-33 所示，直接进行下一步。

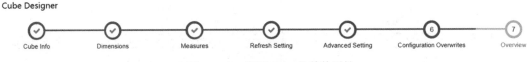

●图 10-33 设置 Cube 的其他属性

8）单击"save"按钮保存 Cube 信息，如图 10-34 所示，完成 Cube 的设置。

Model Name	kylin_hive_model
Cube Name	kylin_hive_cube
Fact Table	KYLIN_HIVE.EMP
Lookup Table	1
Dimensions	5
Measures	2

Description

●图 10-34 完成设置

10.4.5 构建 Cube

上面的操作完成之后，就可以构建 Cube 了。

1）如图 10-35 所示，准备对 Cube 进行构建。

Name ⇕	Status ⇕	Cube Size ⇕	Source Records ⇕	Last Build Time ⇕	Owner ⇕	Create Time ▾	Actions
kylin_hive_cube	DISABLED	0.00 KB	0		ADMIN	2019-09-10 07:04:16 UTC	Action ▾

●图 10-35 构建 Cube（1）

2）Cube 的构建可能比较慢，需要耐心等待，如图 10-36 所示。

●图 10-36 构建 Cube（2）

10.4.6 数据查询分析

构建好 Cube 之后，就可以对数据进行分析了，如图 10-37所示，直接进行数据的分析查询即可。

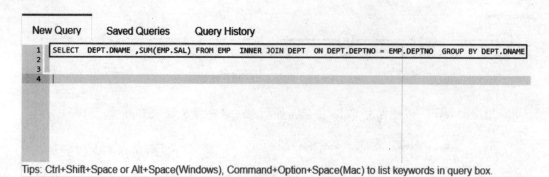

●图 10-37　准备数据分析

　　数据的查询速度非常快，马上就可以产出结果，通过 Kylin 的计算，已经将各种可能的结果都获取到了，这里直接就可以得到计算完成的结果，所以计算非常快。

10.5　Kylin 的构建流程

　　Kylin 中 Cube 的构建过程本质是将所有的维度组合事先计算，然后存储于 HBase 表中，以空间换时间来提升性能。HBase 表对应的 RowKey 主键就是各种维度组合，具体要统计的指标存储在列中，这样就将不同维度的组合查询 SQL 语句转换成了基于 RowKey 的范围扫描，最后对指标进行汇总计算，以实现快速分析查询。

　　Cube 的构建过程可以分为以下几个阶段。

　　（1）根据用户的 Cube 信息计算出多个 cuboid 文件

　　通过用户定义的维度以及度量等信息计算 cuboid，cuboid 就是构建的核心依据。

　　（2）根据 cuboid 文件生成 HTable

　　有了 cuboid 之后就可以生成 HTable 了，因为 Kylin 底层使用 HBase 作为数据的存储，所以最终要将结果存放到 HBase 里面去，供外界查询。

　　（3）更新 Cube 信息

　　生成 HTable 之后，就可以对 Cube 的信息进行更新了，如 Cube 的元数据信息、Cube 的数据存储信息等。

　　（4）回收临时文件

　　完成 Cube 构建之后，有些中间结果产生的垃圾文件数据就可以清理掉了。

注意：

　　每一个阶段的输入都需要依赖上一步的输出，所以这些操作都是顺序执行的。

10.6 Cube 构建算法

前面已经带大家了解了 Kylin 的基本构建流程，接下来一起看一下 Kylin 中的 Cube 构建算法。Kylin 中 Cube 的构建主要有两种算法：逐层构建法和快速构建法。

10.6.1 逐层构建法

逐层构建法就是在定义好 Cube 之后进行层层构建，构建好了一层的各种维度之后，继续往下一层进行构建，如图 10-38 所示。

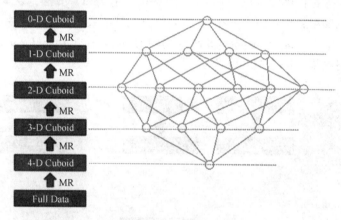

●图 10-38　逐层构建法

大家知道，一个 N 维的 Cube 由 1 个 N 维子立方体、N 个（N-1）维子立方体、N*（N-1）/2 个（N-2）维子立方体、…、N 个 1 维子立方体和 1 个 0 维子立方体构成，总共有 2^N 个子立方体，在逐层构建法中，按维度数逐层减少来计算，每个层级（除了第一层，它是从原始数据聚合而来）是基于它上一层级的结果来计算的。比如，"group by A，B"的结果可以基于 "group by A，B，C" 的结果通过去掉 C 后聚合得到，这样可以减少重复计算，当 0 维 Cuboid 计算出来的时候，整个 Cube 的计算也就完成了。

每一轮的计算都是一个 MapReduce 任务，且串行执行；一个 N 维的 Cube 至少需要 N 次 MapReduce Job。

算法优点如下。

1）充分利用了 MapReduce 的优点，处理了中间复杂的排序和 shuffle 工作，故而算法代码清晰、简单，易于维护。

2）受益于 Hadoop 的日趋成熟，此算法非常稳定，即便是集群资源紧张时，也能保证最终完成。

算法缺点如下。

1）当 Cube 维度比较多的时候，所需要的 MapReduce 任务也相应增加。由于 Hadoop 的任务调度需要耗费额外资源，特别是集群较庞大的时候，反复递交任务造成的额外开销会相当大。

2）由于 mapper 逻辑中并未进行聚合操作，所以每轮 MR 的 shuffle 工作量都很大，导致效率低下。

3）对 HDFS 的读写操作较多：由于每一层计算的输出会用作下一层计算的输入，这些 key-value 需要写到 HDFS 上；当所有计算都完成后，Kylin 还需要执行额外一轮任务将这些文件转成 HBase 的 HFile 格式，以导入 HBase 中。

总体而言，该算法的效率较低，尤其是当 Cube 维度较多的时候。

10.6.2 快速构建法

快速构建法也被称作逐段（by segment）或逐块（by split）算法，从1.5.x 开始引入该算法。该算法的主要思想是：每个 mapper 将其所分配到的数据块计算成一个完整的小 Cube 段（包含所有 Cuboid）；每个 mapper 将计算完的 Cube 段输出给 reducer 做合并，生成大 Cube，也就是最终结果，如图10-39所示。

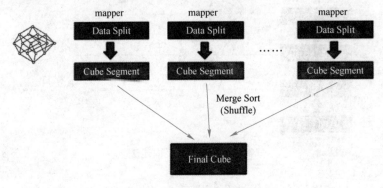

●图 10-39 快速构建法

与逐层构建法相比，快速构建法主要有两点不同。

1）mapper 会利用内存做预聚合，算出所有组合；mapper 输出的每个 key 都是不同的，这样会减少输出到 Hadoop MapReduce 的数据量，combiner 也不再需要。

2）一轮 MapReduce 便会完成所有层次的计算，减少了 Hadoop 的任务调配。

10.7 Cube 构建的优化

从之前的介绍可以知道，在没有采取任何优化措施的情况下，Kylin 会对每种维度的组合进行预计算，每种维度组合的预计算结果被称为 Cuboid。假设有四个维度，则最终会有 $2^4 = 16$ 个 Cuboid 需要计算。

但在现实情况中，用户的维度数量一般远远大于四个。假设用户有 10 个维度，那么没有经过任何优化的 Cube 就会存在 1024 个 Cuboid；而如果用户有 20 个维度，那么 Cube 中总共会存在 1048576 个 Cuboid。虽然每个 Cuboid 的大小存在很大的差异，但是 Cuboid 的数量就足以让人想象到这样的 Cube 对构建引擎、存储引擎来说压力有多么巨大。因此，在构建维度数量较多的 Cube 时，尤其要注意 Cube 的剪枝优化（即减少 Cuboid 的生成）。

10.7.1　使用衍生维度（Derived Dimension）

衍生维度用于在有效维度内将维度表上的非主键维度排除掉，并使用维度表的主键（其实是事实表上相应的外键）来替代它们。Kylin 会在底层记录维度表主键与维度表其他维度之间的映射关系，以便在查询时能够动态地将维度表的主键"翻译"成这些非主键维度，并进行实时聚合。

虽然衍生维度具有非常大的吸引力，但这也并不是说所有维度表上的维度都要变成衍生维度，如果从维度表主键到某个维度表维度所需要的聚合工作量非常大，则不建议使用衍生维度。

10.7.2　使用聚合组（Aggregation Group）

聚合组是一种强大的剪枝工具。聚合组假设一个 Cube 的所有维度均可以根据业务需求划分成若干组（当然也可以是一个组），由于同一个组内的维度更可能同时被同一个查询用到，因此会表现出更加紧密的内在关联。每个分组的维度集合均是 Cube 所有维度的一个子集，不同的分组各自拥有一套维度集合，它们可能与其他分组有相同的维度，也可能没有相同的维度。每个分组各自独立地根据自身的规则贡献出一批需要被物化的 Cuboid，所有分组贡献的 Cuboid 的并集就成为当前 Cube 中所有需要物化的 Cuboid 的集合。不同的分组有可能会贡献出相同的 Cuboid，构建引擎会察觉到这点，并且保证每一个 Cuboid 无论在多少个分组中出现，它都只会被物化一次。

对于每个分组内部的维度，用户可以使用如下三种可选的方式定义，它们之间的关系具体如下。

1）强制维度（Mandatory）。如果一个维度被定义为强制维度，那么这个分组产生的所有 Cuboid 中每一个 Cuboid 都会包含该维度。每个分组中都可以有 0 个、1 个或多个强制维度。根据这种分组的业务逻辑，相关的查询一定会在过滤条件或分组条件中，因此可以在该分组中把该维度设置为强制维度。

2）层级维度（Hierarchy）。每个层级包含两个或更多个维度。假设一个层级中包含 D1, D2, …, Dn 这 n 个维度，那么在该分组产生的任何 Cuboid 中，这 n 个维度只会以（）,（D1）,（D1, D2）, …,（D1, D2, …, Dn）这 n+1 种形式中的一种出现。每个分组中可以有 0 个、1 个或多个层级，不同的层级之间不应当有共享的维度。根据这种分组的业务逻辑，多个维度直接存在层级关系，因此可以在该分组中把这些维度设置为层级维度。

3）联合维度（Joint）。每个联合中包含两个或更多个维度，如果某些列形成一个联合，那么在该分组产生的任何 Cuboid 中，这些联合维度要么一起出现，要么都不出现。每个分组中可以有 0 个或多个联合，但是不同的联合之间不应当有共享的维度（否则它们可以合并成一个联合）。根据这种分组的业务逻辑，多个维度在查询中总是同时出现，则可以在该分组中把这些维度设置为联合维度。

这些操作可以在"Cube Designer"→"Advanced Setting"→"Aggregation Groups"区域完成，如图 10-40 所示。

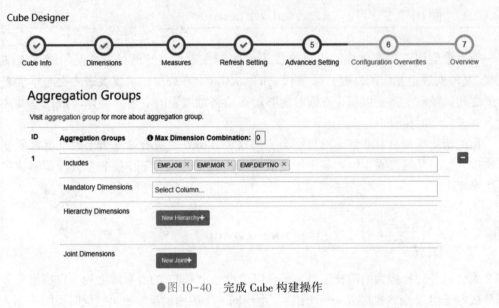

●图 10-40   完成 Cube 构建操作

聚合组的设计非常灵活，甚至可以用来描述一些极端的设计。假设业务需求非常单一，只需要某些特定的 Cuboid，那么可以创建多个聚合组，每个聚合组代表一个 Cuboid。具体的方法是在聚合组中先包含某个 Cuboid 所需的所有维度，然后把这些维度都设置为强制维度。这样当前的聚合组就只能产生需要的那一个 Cuboid 了。

再比如，有时 Cube 中有一些基数非常大的维度，如果不做特殊处理，它就会和其他的维度进行各种组合，从而产生一大堆包含它的 Cuboid。包含高基数维度的 Cuboid 在行数和体积上往往非常庞大，这会导致整个 Cube 的膨胀率变大。如果根据业务需求知道这个高基数的维度只会与若干个维度（而不是所有维度）同时被查询到，那么就可以通过聚合组对这个高基数维度做一定的"隔离"，可以把这个高基数的维度放入一个单独的聚合组，再把所有可能会与这个高基数维度一起被查询到的其他维度也放进来，这样这个高基数的维度就被"隔离"在一个聚合组中了，所有不会与它一起被查询到的维度都没有和它一起出现在任何一个分组中，因此也就不会有多余的 Cuboid 产生，从而大大减少了包含该高基数维度的 Cuboid 数量，可以有效控制 Cube 的膨胀率。

10.7.3   并发粒度优化

当 segment 中某一个 Cuboid 的大小超出指定的阈值时，系统会将该 Cuboid 的数据划分到多个分区中，以实现 Cuboid 数据读取的并行化，从而优化 Cube 的查询速度。具体的实现方式如下：构建引擎根据 segment 估计的大小，以及参数 kylin. hbase. region. cut 的设置决定 segment 在存储引擎中总共需要几个分区来存储，如果存储引擎是 HBase，那么分区的数量就对应于 HBase 中的 region 数量。kylin. hbase. region. cut 的默认值是 5.0，单位是 GB，也就是说对于一个大小估计是 50 GB 的 segment，构建引擎会给它分配 10 个分区。用户还可以通过设置 kylin. hbase. region. count. min（默认为 1）和 kylin. hbase. region. count. max（默认为 500）来决定每个 segment 最少或最多被划分成多少个分区。

由于每个 Cube 的并发粒度控制不尽相同，因此建议在"Cube Designer"的"Configuration Overwrites"（见图 10-40）中为每个 Cube 量身定制控制并发粒度的参数。假设将当前 Cube 的 kylin. hbase. region. count. min 设置为 2，kylin. hbase. region. count. max 设置为 100，这样无论 segment 的大小如何变化，它的分区数量都不会低于 2，也不会超过 100。相应地，这个 segment 背后的存储引擎（HBase）为了存储这个 segment，也不会使用少于两个或超过 100 个的分区。调整 kylin. hbase. region. cut 为 1.0，这样 50 GB 的 segment 基本上会被分配到 50 个分区，相比默认设置，Cuboid 可能最多会获得 5 倍的并发量。

10. 7. 4　rowKey 优化

Kylin 会把所有维度按照顺序组合成一个完整的 rowKey，并且按照这个 rowKey 升序排列 Cuboid 中所有的行。

设计良好的 rowKey 将更有效地完成数据的查询、过滤和定位，减少 IO 次数，提高查询速度，维度在 rowKey 中的次序对查询性能有显著的影响。

rowKey 的设计原则如下。

1）被用作 where 过滤的维度放在前面。

2）基数大的维度放在基数小的维度前面。

10. 7. 5　增量 Cube 构建

前面构建了全量 Cube，本节实现增量 Cube 的构建，即通过分区表的分区时间字段来进行增量构建。

1. 更改模型

如图 10-41 和图 10-42 所示，开发人员可以进行模型的更改，然后进行增量 Cube 的构建。

Cubes								
Name ⬍	Status ⬍	Cube Size ⬍	Source Records ⬍	Last Build Time ⬍	Owner ⬍	Create Time ▼	Actions
❯ kylin_hive_deliver	DISABLED	0.00 KB	0		ADMIN	2019-09-10 09:28:04 UTC	Action ▾
❯ kylin_hive_cube	DISABLED	1.23 MB	14	2019-09-10 07:24:21 UTC	ADMIN	2019-09-10 07:04:16 UTC	Action ▾

●图 10-41　更改模型设置（1）

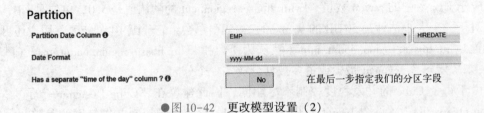

●图 10-42　更改模型设置（2）

2. 更改 Cube

　　更改模型之后，就可以对 Cube 进行调整了，如图 10-43 和图 10-44 所示。更改 Cube 之后开始进行增量数据的构建。

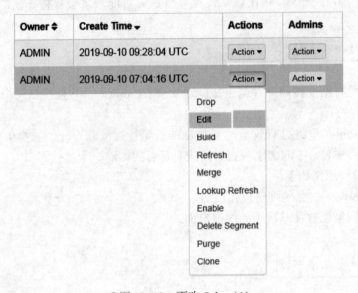

●图 10-43　更改 Cube（1）

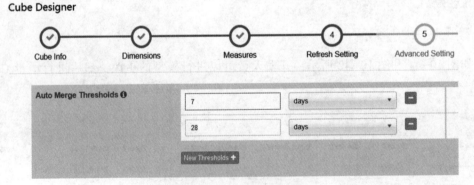

●图 10-44　更改 Cube（2）

10.8　备份以及恢复 Kylin 的元数据

Kylin 组织它所有的元数据（包括多维数据集以及 Cube 的实例，项目工程以及倒排索引的描述和实例，作业，表和字典）作为一个层次的文件系统。

然而，Kylin 使用 HBase 来进行存储，而不是普通的文件系统。

从 Kylin 的配置文件 kylin. properties 中可以看到，Kylin 的元数据被保存在 HBase 的 kylin_metadata 表中。

```
## The metadata store inhbase
kylin.metadata.url=kylin_metadata@hbase
```

Kylin 自身提供了元数据的备份程序，可以执行程序看一下帮助信息。

```
bin/metastore.sh
usage:metastore.sh backup
metastore.sh fetch DATA
metastore.sh reset
metastore.sh refresh-cube-signature
metastore.sh restore PATH_TO_LOCAL_META
metastore.sh list RESOURCE_PATH
metastore.sh cat RESOURCE_PATH
metastore.sh remove RESOURCE_PATH
metastore.sh clean [--delete true]
```

备份元数据。

```
bin/metastore.sh backup
```

恢复元数据。

```
bin/metastore.sh reset
```

接着，上传备份的元数据到 Kylin 的元数据中。

```
bin/metastore.sh restore $KYLIN_HOME/meta_backups/meta_xxxx_xx_xx_xx_xx_xx
```

等待操作成功，用户在页面上单击 "Reload Metadata" 按钮对元数据缓存进行刷新，即可看到最新的元数据。

10.9　Kylin 的垃圾清理

Kylin 运行一段时间后，有很多数据因为不再使用就变成了垃圾数据，这些数据占据着 HDFS HBase 等资源，当积累到一定程度时会对集群性能产生影响。这个时候就需要清理相关的元数据，从 Kylin 元数据中清理掉无用的资源，比如字典表的快照。

元数据清理步骤如下。

1）检查哪些资源可以清理，这一步不会删除任何东西，只会列出所有可以被清理的资源供用户核对。

```
bin/metastore.sh clean
```

2）在上述命令中添加"--delete true"，这样就会清理掉一些资源，注意操作前最好备份一下元数据。

```
bin/metastore.sh clean --delete true
```

存储器数据清理步骤如下。

1）检查哪些资源需要被清理，这个操作不会删除任何内容。

```
${KYLIN_HOME}/bin/kylin.sh org.apache.kylin.storage.hbase.util.Storage-
CleanupJob --delete
false
```

2）根据上面的输出结果，挑选几个资源看看是否为不再需要的。接着，在上面的命令基础上添加"--delete true"选项，开始执行清理操作，命令执行完成后，中间的 HDFS 文件和 HTable 就被删除了。

```
${KYLIN_HOME}/bin/kylin.sh
org.apache.kylin.storage.hbase.util.StorageCleanupJob --delete true
```

10.10　BI 工具集成

Kylin 除了可以通过 Web 界面进行构建外，还提供了对外集成的接口，例如，Kylin 可以与一些 BI 工具进行集成，包括 JDBC、ODBC 等官方文档见 http://kylin.apache.org/cn/docs/howto/howto_use_restapi.html。

可以与 Kylin 结合使用的 BI 工具很多，例如下面几个。

- ODBC：与 Tableau、Excel、PowerBI 等工具集成。
- JDBC：与 Saiku、BIRT 等 Java 工具集成。
- RestAPI：与 JavaScript、Web 网页集成。

Kylin 开发团队还贡献了 Zepplin 的插件，可以使用 Zepplin 来访问 Kylin 服务。

接下来学习 Kylin 与 Java 的集成访问操作。

1. 新建项目并导入依赖

```
<dependencies>
    <dependency>
```

```xml
        <groupId>org.apache.kylin</groupId>
        <artifactId>kylin-jdbc</artifactId>
        <version>2.5.1</version>
    </dependency>
</dependencies>
<build>
    <plugins>
        <!-- 限制 jdk 版本插件 -->
        <plugin>
            <groupId>org.apache.maven.plugins</groupId>
            <artifactId>maven-compiler-plugin</artifactId>
            <version>3.0</version>
            <configuration>
                <source>1.8</source>
                <target>1.8</target>
                <encoding>UTF-8</encoding>
            </configuration>
        </plugin>
    </plugins>
</build>
```

2. 编码

```java
package com.kkb.kylin;

import java.sql.Connection;
import java.sql.DriverManager;
import java.sql.PreparedStatement;
import java.sql.ResultSet;

public class KylinJdbc {
    public static void main(String[] args) throws Exception {

        //Kylin_JDBC 驱动
        String KYLIN_DRIVER = "org.apache.kylin.jdbc.Driver";

        //Kylin_URL
        String KYLIN_URL = "jdbc:kylin://node02:8066/kylin_hive";

        //Kylin 的用户名
        String KYLIN_USER = "ADMIN";
```

```
//Kylin 的密码
String KYLIN_PASSWD = "KYLIN";

//添加驱动信息
Class.forName(KYLIN_DRIVER);

//获取连接
Connection connection = DriverManager.getConnection(KYLIN_URL, KYLIN_
USER, KYLIN_PASSWD);

//预编译 SQL
 PreparedStatement ps = connection.prepareStatement("SELECT sum(sal)
FROM emp group by deptno");

//执行查询
ResultSet resultSet = ps.executeQuery();

//遍历打印
while (resultSet.next()) {
    System.out.println(resultSet.getInt(1));
}
    }
}
```

3. 结果展示

运行程序后可以快速地从 Kylin 中查询到需要的数据，结果如图 10-45 所示。

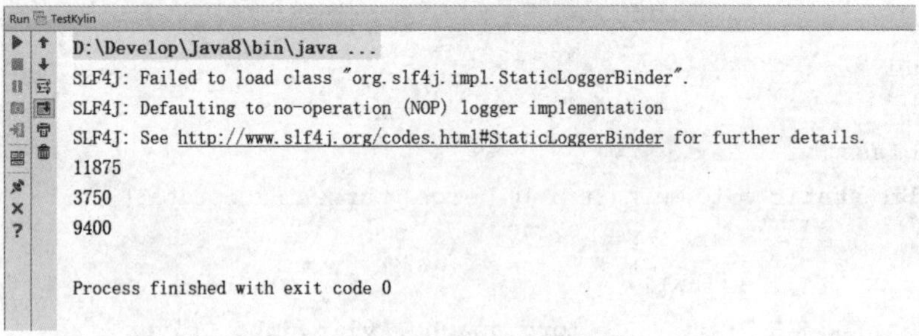

●图 10-45   运行结果

10.11   使用 Kylin 分析 HBase 数据

前面已经通过 Flink 将数据放到了 HBase 中，那么接下来就可以通过 Hive 整合 HBase，将 HBase 中的数据映射到 Hive 表中，然后通过 Kylin 对 Hive 中的数据进行预分析，实现实时数仓的统计功能。

1. 将 HBase 的五个 jar 包复制到 Hive 的 lib 目录下

hbase 的 jar 包都在 "/kkb/install/hbase-1.2.0-cdh5.14.2/lib" 中，它们是：

```
hbase-client-1.2.0-cdh5.14.2.jar
hbase-hadoop2-compat-1.2.0-cdh5.14.2.jar
hbase-hadoop-compat-1.2.0-cdh5.14.2.jar
hbase-it-1.2.0-cdh5.14.2.jar
hbase-server-1.2.0-cdh5.14.2.jar
```

在 node03 上执行以下命令，通过创建软连接的方式添加对 jar 包的依赖。

```
ln -s /kkb/install/hbase-1.2.0-cdh5.14.2/lib/hbase-client-1.2.0-
cdh5.14.2.jar    /kkb/install/hive-1.1.0-cdh5.14.2/lib/hbase-client-
1.2.0-cdh5.14.2.jar
ln -s /kkb/install/hbase-1.2.0-cdh5.14.2/lib/hbase-hadoop2-compat-1.2.0-
cdh5.14.2.jar    /kkb/install/hive-1.1.0-cdh5.14.2/lib/hbase-hadoop2-
compat-1.2.0-cdh5.14.2.jar
ln -s /kkb/install/hbase-1.2.0-cdh5.14.2/lib/hbase-hadoop-compat-1.2.0-
cdh5.14.2.jar    /kkb/install/hive-1.1.0-cdh5.14.2/lib/hbase-hadoop-com-
pat-1.2.0-cdh5.14.2.jar
ln -s /kkb/install/hbase-1.2.0-cdh5.14.2/lib/hbase-it-1.2.0-cdh5.14.2.jar
    /kkb/install/hive-1.1.0-cdh5.14.2/lib/hbase-it-1.2.0-cdh5.14.2.jar
ln -s /kkb/install/hbase-1.2.0-cdh5.14.2/lib/hbase-server-1.2.0-
cdh5.14.2.jar    /kkb/install/hive-1.1.0-cdh5.14.2/lib/hbase-server-
1.2.0-cdh5.14.2.jar
```

2. 修改 Hive 的配置文件

编辑 node03 服务器上的 Hive 配置文件 hive-site.xml，添加以下配置。

```
cd /kkb/install/hive-1.1.0-cdh5.14.2/conf
vim hive-site.xml

        <property>
                <name>hive.zookeeper.quorum</name>
                <value>node01,node02,node03</value>
        </property>

        <property>
                <name>hbase.zookeeper.quorum</name>
```

```
            <value>node01,node02,node03</value>
    </property>
```

3. 修改 hive-env. sh 配置文件

编辑 node03 服务器上的 Hive 配置文件 hive-env. sh，添加以下配置。

```
cd /kkb/install/hive-1.1.0-cdh5.14.2/conf
vim hive-env.sh

export HADOOP_HOME=/kkb/install/hadoop-2.6.0-cdh5.14.2
export HBASE_HOME=/kkb/install/hbase-1.2.0-cdh5.14.2/
export HIVE_CONF_DIR=/kkb/install/hive-1.1.0-cdh5.14.2/conf
```

4. 创建 Hive 表，映射 HBase 中的数据

进入 Hive 客户端，创建 Hive 映射表，映射 HBase 中的两张表数据。

```
create database hive_hbase;
use hive_hbase;
CREATE external TABLE hive_hbase.data_goods(goodsId int,goodsName string,sell-
ingPrice string,productPic string,productBrand string,productfbl string,pro-
ductNum string,productUrl string,productFrom string,goodsStock int,appraiseNum
int)
STORED BY 'org.apache.hadoop.hive.hbase.HBaseStorageHandler' WITH SERDEPROPER-
TIES
("hbase.columns.mapping" = ":key,f1:goodsName,f1:sellingPrice,f1:productPic,
f1:productBrand,f1:productfbl,f1:productNum,f1:productUrl,f1:productFrom,f1:
goodsStock,f1:appraiseNum")
TBLPROPERTIES("hbase.table.name"="flink:data_goods");

CREATE external TABLE hive_hbase.data_orders (orderId int,orderNo string,
userId int,goodId int,goodsMoney decimal(11,2),realTotalMoney decimal(11,2),
payFrom int,province string,createTime timestamp )
STORED BY 'org.apache.hadoop.hive.hbase.HBaseStorageHandler' WITH SERDEPROPER-
TIES ("hbase.columns.mapping" = ":key,f1:orderNo,f1:userId,f1:goodId,f1:
goodsMoney,f1:realTotalMoney,f1:payFrom,f1:province,f1:createTime")
TBLPROPERTIES("hbase.table.name"="flink:data_orders");
```

5. 在 Kylin 中对 Hive 的数据进行多维度分析

直接登录 Kylin 的管理界面进行分析。前面已经把 HBase 表的数据映射到了 Hive 表中，这样一来，就可以对 Hive 中的数据进行多维度分析，进而通过 Kylin 来对 HBase 中的数据进行预计算了。

10.12　本章小结

    本章通过 Kylin 实现了数据的预计算功能，通过 Kylin 可以提前计算各种维度和指标，实现了以不变应万变的可能性。Kylin 的实际应用越来越广泛，越来越多的公司通过 Kylin 来构建自己的实时数仓和计算平台，因此应熟练掌握本章内容并多加实践。